环境监测与生态环境保护研究

蒋　利　李玉梅◎著

吉林科学技术出版社

图书在版编目（CIP）数据

环境监测与生态环境保护研究 / 蒋利，李玉梅著
. -- 长春 : 吉林科学技术出版社，2023.7
ISBN 978-7-5744-0740-4

Ⅰ. ①环… Ⅱ. ①蒋… ②李… Ⅲ. ①环境监测－研究②生态环境保护－研究 Ⅳ. ①X8②X171.4

中国国家版本馆 CIP 数据核字(2023)第 152224 号

环境监测与生态环境保护研究

著　　　蒋　利　李玉梅
出 版 人　宛　霞
责任编辑　李永百
封面设计　金熙腾达
制　　版　金熙腾达
幅面尺寸　185mm×260mm
开　　本　16
字　　数　294 千字
印　　张　13
印　　数　1-1500 册
版　　次　2023年7月第1版
印　　次　2024年2月第1次印刷

出　　版　吉林科学技术出版社
发　　行　吉林科学技术出版社
地　　址　长春市福祉大路5788号
邮　　编　130118
发行部电话/传真　0431-81629529 81629530 81629531
81629532 81629533 81629534
储运部电话　0431-86059116
编辑部电话　0431-81629518
印　　刷　三河市嵩川印刷有限公司

书　　号　ISBN 978-7-5744-0740-4
定　　价　88.00元

前　言

我国制定了环境与发展的对策，实行可持续发展的战略，逐步建立适应社会主义市场经济体制的环境政策、法律法规和标准体系。人民群众对改善环境质量的要求日益增长。因此，控制污染、有计划地推行清洁生产、进一步提高监测监督执法的作用和地位迫在眉睫。

环境监测技术是环境监测工作的重要内容和基础，是提高监测质量和效能的根本保证。在加强监测管理的同时必须提高监测技术水平和监测队伍的整体素质，才能适应环保工作新形势的要求。材料、化工安全生产和环境保护是促进经济发展、构建和谐社会的重要保障，是关系广大员工生命财产和国家财产不受损失和保证国民经济可持续发展的重大问题。材料、化工生产具有易燃、易爆、有毒、有害、腐蚀性强等不安全因素，安全生产难度大。同时材料、化工生产工艺过程复杂，工艺条件要求苛刻，伴随产成品的生产会产生各种形态不同的三废物质，对生态环境和生命环境具有极大的破坏作用。因此，我国一直高度重视安全生产和环境保护工作。环境监测是准确、及时、全面地反映环境质量现状及发展趋势的技术手段，为环境科学研究、环境规划、环境影响评价、环境工程设计、环境保护管理和环境保护宏观决策等提供不可缺少的基础数据和重要信息。环境监测是环境保护工作的基础，是执行环境保护法规的依据，是污染治理及环境科学研究、规划和管理不可缺少的重要手段。

人类的社会活动具有目的性、依存性和继承性，只有通过有组织的管理活动才能协调一致，实现既定目标，这在社会分工协作不断深化的当代社会显得尤为重要。作为一种社会管理活动，环境保护也不例外，因此一般认为环境管理即是运用计划、组织、协调、控制、监督等手段，为达到预期环境目标而进行的一项综合性活动。由于环境管理的内容涉及土壤、水、大气、生物等各种环境因素，环境管理的领域涉及经济、社会、政治、自然、科学技术等方面，环境管理的范围涉及国家的各个部门，所以环境管理具有高度的综合性。它不仅需要环境基础学科、应用和技术学科的支撑，也需要管理学科、社会与经济学科的融合，更需要各类相关研究成果的综合集成。因此可以认为，环境管理是环境科学技术研究的最终归宿。

本书着眼于环境监测和环境管理两方面，从“科学监测”的实际需要出发，介绍了针对不同环境介质中的各种污染物或污染因子所运用的化学、物理、生物及生态的监测技术；包括空气、土壤与固体等方面的环境监测技术，环境管理方面研究了监测业务管理、化工企业环保管理、化工企业职业危害及防护、铝用炭素材料生产过程中的环境保护技术等；最后探究了信息技术下的环境遥感监测管理。本书的论述凸显科学性，在坚持科学理论的指导过程中，引进现代化的科学监测和分析方法，这也是注重实践性的体现。

蒋　利　李玉梅

2023 年 5 月

目　录

第一章　环境监测的基本概念 …… 1

第一节　环境监测概述 …… 1
第二节　环境监测及评价标准 …… 5
第三节　环境监测的数据评价 …… 9

第二章　空气和废气监测 …… 15

第一节　无机污染物监测 …… 15
第二节　有机污染物监测 …… 21
第三节　颗粒物监测 …… 26
第四节　降水监测 …… 31

第三章　土壤和固体废弃物监测 …… 38

第一节　土壤及无机固体废弃物监测 …… 38
第二节　塑料及有机废弃物监测 …… 43
第三节　生物体残毒监测 …… 48

第四章　环境监测业务管理 …… 55

第一节　环境监测业务管理概述 …… 55
第二节　环境质量监测管理 …… 58
第三节　污染源监测管理 …… 74
第四节　环境污染事故应急监测管理 …… 81
第五节　环境预警监测管理 …… 86

第六节　其他环境监测管理 …… 90

第五章　化工企业环保管理 …… 95

第一节　化工环保概述 …… 95
第二节　化工废水处理方法 …… 101
第三节　化工废气处理技术 …… 108
第四节　化工废渣处理及其资源化 …… 112
第五节　化工清洁生产 …… 116

第六章　化工企业的职业危害及防护 …… 122

第一节　职业病及其预防 …… 122
第二节　粉尘危害及防护 …… 126
第三节　化学灼伤及防护 …… 131
第四节　噪声危害及防护 …… 136
第五节　高温危害及防护 …… 141
第六节　辐射危害及防护 …… 146
第七节　个人防护用品 …… 150

第七章　铝用炭素材料生产过程中的环境保护技术 …… 155

第一节　铝用炭素工业污染物的来源及危害 …… 155
第二节　铝用炭素工业的烟气净化技术 …… 160
第三节　铝用炭素工业烟气净化设备与工艺 …… 165
第四节　噪声的污染与控制技术 …… 174

第八章　信息技术下环境遥感监测管理 …… 182

第一节　环境遥感监测技术的发展与应用 …… 182
第二节　天地一体化环境遥测技术体系 …… 186
第三节　环境遥感监测业务运行 …… 193

参考文献 …… 199

第一章　环境监测的基本概念

第一节　环境监测概述

近年来，环境破坏和污染现象比较严重，人们已经意识到环境破坏带来的影响，但环境保护工作开展的难度越来越大，环境保护及环境质量监测工作也无法一蹴而就。为了有效保护生态环境，要加大环境监测工作的力度，有效开展环境质量的评估工作，确保生态环境的状态达到预期效果。相关机构在针对环境进行监测的过程中，一方面可以对大气环境、土壤、水资源等进行保护，另一方面还要约束人们生产、生活中对环境造成的破坏和影响，从根本上提升生态环境监测的效率，控制污染物对生态环境造成的影响，从而有效避免生态环境遭受更严重的破坏。

一、环境监测的发展

环境监测这门环境分支学科从产生、发展到现在大体上可分为三个阶段：

第一阶段为污染监测阶段或称被动监测阶段。20 世纪，世界上许多国家为弥补战争所造成的损失，快速恢复国力而大力发展生产，因此也造成了许多污染事故。这些事故主要是由有毒有害的化学物质所造成的，由此产生了针对环境样品进行化学分析以确定其组成和含量的环境分析。

第二阶段为环境监测阶段，也称主动监测或目的监测阶段。随着社会的发展，人们逐步认识到不仅仅是化学因素，诸如噪声、光、热、电磁辐射及放射性等物理因素也同样能够影响环境质量，而化学因素中某一化学毒物的含量仅是影响环境质量的因素之一，环境中各种污染物之间，污染物与其他物质、其他因素之间还存在着相加和拮抗作用，所以简单的环境分析是不能综合反映环境质量状况的。为此，环境监测手段从单一的化学监测发展到包括化学、物理及生物等在内的综合监测，同时监测范围也从点污染的监测发展到面

污染以及区域性污染的监测。

第三阶段称为污染防治监测阶段或自动监测阶段。计算机和程控技术的利用使得环境监测技术得以飞速发展，许多发达国家相继建立了自动连续监测系统，数据的传输、处理等更加迅速准确，可在极短时间内了解大气、水体污染浓度的变化，预测预报未来的环境质量等。

二、现代环境监测的内容

环境监测的内容很多，但对有毒有害化学物质的监测和控制依然是环境监测的重点。目前世界上已知的化学物质已达 2 000 多万种之多，其中有 10 余万种化学物质进入了环境。因此，无论是从人力、物力、财力还是从化学物质的危害程度以及出现频率的实际情况看，人们不可能也没必要对每一种化学物质进行监测和控制，只能有重点、有针对性地对部分污染物进行监测和控制。这就要求对这些污染物进行分类，筛选出危害性大、在环境中出现频率高的污染物作为监测和控制的对象。这些经过选择的污染物称为环境优先污染物，简称优先污染物。而对优先污染物进行的监测称为优先监测。

原则上讲，凡是在环境中难以降解、出现频率较高、具有生物积累性且毒性较大的化学物质都应列为优先污染物。但是确定优先污染物还应考虑是否具有相对可靠的测试手段和分析方法，以及是否已有环境标准或评价标准等技术因素。

美国早在 20 世纪 70 年代中期，就在《清洁水法》中明确规定了 100 多种优先污染物，其后又提出了 40 多种空气优先污染物名单。

中国也提出了“中国环境优先污染物黑名单”，包括卤代烃类、苯系物、氯代苯类、多氯联苯类、酚类、硝基苯类、苯胺类、多环芳烃类、酞酸酯类、农药、丙烯腈、亚硝胺类、氰化物、重金属及其化合物等共 14 个化学类别，所包括的污染物共有 60 多种，其中有机物 50 多种、无机物 10 种。

在实际监测工作中要视具体情况有所增减和选择，如对饮用水源进行监测时应优先监测主要影响健康的项目，对农田灌溉和渔业用水进行监测时则应优先安排毒物的监测，对交通干线的监测则应优先对一氧化碳、总烃及氮氧化物等进行监测。目前，我国环境监测中实际监测的项目大体上包括大气监测、水监测、生物监测、噪声监测、其他污染监测。

三、环境监测技术

环境监测技术包括采样技术、测试技术和数据处理技术等内容，其中尤以测试技术最为重要。目前应用较多的测试技术有化学分析法、仪器分析法和生物监测技术等。

（一）化学分析法

化学分析法是以化学反应为基础的一种分析方法，可分为质量分析法和滴定分析法两种。

1. 质量分析法

质量分析法是通过滤膜（滤纸）过滤、恒重用天平称量的一种分析方法，结果准确度较高，但操作较烦琐、费时。它主要用于空气中的悬浮物、水中的悬浮物及残渣等的测定。

2. 滴定分析法

滴定分析法包括酸碱滴定法、络合滴定法、沉淀滴定法和氧化还原滴定法等，方法简便，准确度高，不需贵重的仪器设备，是一种十分重要的分析方法。主要用于水中化学需氧量、生化需氧量、溶解氧、硫化物、氰化物、氨氮等的测定。

（二）仪器分析法

仪器分析法是以物体的物理性质和物理化学性质为基础的分析方法。该法具有快速、灵敏、准确等特点，在环境监测中占有重要地位。常用的方法有光谱分析法、色谱分析法、电化学分析法、放射分析法和流动注射分析法等。

目前，仪器分析法被广泛用于对环境中污染物的定性和定量分析中。如分光光度法常用于测定金属、无机非金属等污染物；气相色谱法常用于有机污染物的测定；而紫外光谱、红外光谱、质谱及核磁共振等技术则主要用于污染物的状态和结构的分析中。

此外，还有一些专项的环境分析仪器，如浊度计、溶解氧测定仪、COD 测定仪、BOD 测定仪、TOC 测定仪等。

（三）生物监测技术

这是利用植物和动物在污染的环境中所产生的各种反映信息来判断环境质量的方法，是一种最直接的综合方法。生物监测包括生物体内污染物含量的测定、观察生物在环境中受伤害症状、生物的生理生化反应、生物群落结构和种类变化等手段来判断环境质量。例如，利用某些对特定污染物敏感的植物或动物（指示生物）在环境中受伤害的症状，可以对环境污染做出定性和定量的判断。

目前环境监测技术发展很快，日新月异，各国的环境监测及化学分析工作者都在努力利用新的仪器开发一系列新的监测技术和方法。遥感技术、连续自动监测技术、数据处理与传输的计算机技术等大型化、连续化和自动化的监测技术的发展也十分迅速。

与此同时，小型便携式、简易快速的监测仪器的研究也十分重要，发展较快。如在污染突发事故的现场，瞬时会造成很大的伤害，但由于空气扩散和水体流动，污染物浓度的变化十分迅速，这时大型仪器无法使用，而便携式和快速测定仪就显得十分重要。同样在野外监测中，这种便携式、快速测定仪也是十分必要的。

四、环境监测的程序

环境监测是一项复杂而严肃的工作。要想保证监测数据的准确、可比、可靠，必须进行周密计划，精心设计，科学安排，严格按照一定的程序组织实施。

环境监测的程序一般包括如下几个工作过程，即现场调查、监测计划设计、样品采集、样品运输与保存、分析测试、数据处理和综合评价等。

（一）现场调查

根据监测目的要求进行调查，内容包括主要污染物的来源、性质及排放规律，污染受体（居民、机关、学校、农田、水体、森林等）的性质，受体与污染源的相对位置（方位与距离），水文、地理、气象等环境条件和有关历史情况，等等。

（二）监测计划设计

根据监测目的要求和现场调查材料，确定监测的范围和项目、采样点的数目及位置、采样时间和频率、样品如何运输与保存、监测人员、测试方法等。

（三）样品采集

按规定的操作程序和确定的采样时间、频率采集样品，并如实记录采样实况，及时将采集的样品和记录送往实验室。

（四）样品运输与保存

为尽可能降低样品的变化，在采样后针对样品的不同情况和待测物的特性实施保护措施，并力求缩短运输时间，尽快将样品送到实验室进行分析。

（五）分析测试

按照国家规定的分析方法和技术规范进行分析测试。

（六）数据处理

根据分析记录将测得的数据进行处理和统计，检验计算污染物浓度等，然后整理出报告表。

（七）综合评价

依据国家规定的有关标准进行单项或综合评价，并结合现场的调查资料对数据做出合理解释，写出综合研究报告。

第二节　环境监测及评价标准

一、环境标准体系

我国的环境标准化工作是与我国环保事业同步发展的。经过几十年的环境标准化建设，我国已建立了包括国家和地方两级标准在内的较为完备的国家环境标准体系。环境标准的范围涵盖环境质量标准、污染物排放（控制）标准、监测方法标准、基础标准、标准样品标准以及各类技术规范、技术要求等多个方面。

环境标准体系是指所有环境标准的总和。

环境标准体系的构成，具有配套性和协调性。各种环境标准之间互相联系，互相依存，互相补充，互相衔接，互为条件，协调发展，共同构成一个统一的整体。

环境标准体系应具有一定的稳定性，但又不是一成不变的，它是与一定时期的科学技术和经济发展水平以及环境污染和破坏的状况相适应的。随着时间的推移、空间的变化、科技的进步和经济的发展以及环境保护的需要而不断发展和变化。

按标准主管单位或行业，有国家相关部门制定的国家和行业标准，水利部、卫健委制定的国家或行业标准，其他部委或行业制定的行业标准等。我国已形成了种类比较齐全、结构基本完整的环境标准体系，可以满足现阶段环境执法和管理工作的需要。

二、环境标准的作用

环境标准对于环境保护工作具有“依据、规范、方法”三大作用，是政策、法规的具体体现，是强化环境管理的基本保证。其作用体现在以下几个方面：

（一）环境标准是执行环境保护法规的基本手段，又是制定环境保护法规的重要依据

我国已经颁布的环境保护与污染防治等法律中都规定了有关实施环境标准的条款。它们是环境保护法规原则规定的具体化，提高了执法过程的可操作性，为依法进行环境监督管理提供了手段和依据，同时也是一定时期内环境保护目标的具体体现。

（二）环境标准是强化环境管理的技术基础

环境标准是实施环境保护法律、法规的基本保证，是强化环境监督管理的核心。如果没有各种环境标准，法律、法规的有关规定就难以有效实施，强化环境监督管理也无实际保证。如“三同时”制度、排污申报登记制度、环境影响评价制度等都是以环境标准为基础建立并实施的。在处理环境纠纷和污染事故的过程中，环境标准是重要依据。

（三）环境标准是环境规划的定量化依据

环境标准用具体的数值来体现环境质量和污染物排放应控制的界限。环境标准中的定量化指标，是制定环境综合整治目标和污染防治措施的重要依据。根据环境标准，才能定量分析评价环境质量的优劣。依据环境标准，能明确排污单位进行污染控制的具体要求和程度。

（四）环境标准是推动科技进步的动力

环境标准反映着科学技术与生产实践的综合成果，是社会、经济和技术不断发展的结果。应用环境标准可进行环境保护技术的筛选评价，促进无污染或少污染的先进工艺的应用，推动资源和能源的综合利用等。

此外，大量环境标准的颁布，对促进环保仪器设备以及样品采集、分析、测试和数据处理等技术方法的发展也起到了强有力的推动作用。

三、环境标准的分级和分类

环境标准体系是指根据环境标准的性质、内容和功能，以及它们之间的内在联系，将其进行分级、分类，构成一个有机统一的标准整体，既具有一般标准体系的特点，又具有法律体系的特性。然而，世界上对环境标准没有统一的分类方法，可以按适用范围划分，

按环境要素划分，也可以按标准的用途划分。应用最多的是按标准的用途划分，一般可分为环境质量标准、污染物排放标准和基础方法标准等；按标准的适用范围可分为国家标准、地方标准和环境保护行业标准；按环境要素划分，有大气环境质量标准、水质标准和水污染控制标准、土壤环境质量标准、固体废物标准和噪声控制标准等。其中，对单项环境要素又可按不同的用途再细分，如水质标准又可分为生活饮用水卫生标准、地表水环境质量标准、地下水环境质量标准、渔业用水水质标准、农田灌溉水质标准、海水水质标准等。而环境质量标准和污染物排放标准是环境保护标准的核心组成部分，其他的监测方法、标准样品、技术规范等标准是为实施这两类标准而制定的配套技术工具。

目前，我国已形成以环境质量标准和污染物排放标准为核心，以环境监测标准（环境监测方法标准、环境标准样品、环境监测技术规范）、环境基础标准（环境基础标准和标准制修订技术规范）和管理规范类标准为重要组成部分，由国家、地方两级标准构成的“两级五类”环境保护标准体系，纳入了环境保护的各要素、各领域。

（一）国家环境保护标准

国家环境保护标准体现国家环境保护的有关方针、政策和规定。依据环境保护法，国务院环境保护主管部门负责制定国家环境质量标准，并根据国家环境质量标准和国家经济、技术条件，制定国家污染物排放标准。针对不同环境介质中有害成分含量、排放源污染物及其排放量制定的一系列具有针对性标准构成了我国的环境质量标准和污染物排放标准，环境保护法明确赋予其判别合法与否的功能，直接具有法律约束力。过去几十年也是我国的环境保护标准法律约束力不断增强的过程。

环境监测标准、环境基础标准和管理规范类标准、配套质量排放标准由国务院环境保护部门履行统一监督管理环境的法定职责而具有不同程度、范围的法律约束力。国务院环境保护主管部门还将负责制定监测规范，会同有关部门组织监测网络，统一规划国家环境质量监测站（点）的设置，建立监测数据共享机制，加强对环境监测的管理。有关行业、专业等各类环境质量监测站（点）的设置应当符合法律法规规定和监测规范的要求。监测机构应当使用符合国家标准的监测设备，遵守监测规范。监测机构及其负责人对监测数据的真实性和准确性负责。同时，国家鼓励开展环境基准研究。

（二）地方环境保护标准

根据环境保护法，省、自治区、直辖市人民政府对国家环境质量标准中未做规定的项目，可以制定地方环境质量标准；对国家环境质量标准中已做规定的项目，可以制定严于国家环境质量标准的地方环境质量标准。地方环境质量标准应当报国务院环境保护主管部门备案。地方人民政府对国家污染物排放标准中未做规定的项目，可以制定地方污染物排放标准；对国家污染物排放标准中已做规定的项目，可以制定严于国家污染物排放标准的地方污染物排放标准。地方污染物排放标准应当报国务院环境保护主管部门备案。地方污染物排放标准应当参照国家污染物排放标准的体系结构制定，可以是行业型污染物排放标准和综合型污染物排放标准。

各地制定的地方标准优先于国家标准执行，体现了环境与资源管理的地方优先的管理原则。但各地除应执行各地相应标准的规定外，尚须执行国家有关环境保护的方针、政策和规定等。

国家环境保护标准尚未规定的环境监测、管理技术规范，地方可以制定试行标准，一旦相应的国家环保标准发布后这类地方标准即终止使命。地方环境质量标准和污染物排放标准中的污染物监测方法，应当采用国家环境保护标准。国家环境保护标准中尚无适用于地方环境质量标准和污染物排放标准中某种污染物的监测方法时，应当通过实验和验证，选择适用的监测方法，并将该监测方法列入地方环境质量标准或者污染物排放标准的附录，适用于该污染物监测的国家环境保护标准发布、实施后，应当按新发布的国家环境保护标准的规定实施监测。

四、我国现行的环境标准类型

我国现行的环境标准分为五类，下面分别简要介绍。

（一）环境质量标准

环境质量标准是为保护自然环境、人体健康和社会物质财富，对环境中有害物质和因素所做的限制性规定，而制定环境质量标准的基础是环境质量基准。所谓环境质量基准（环境基准），是指环境中污染物对特定保护对象（人或其他生物）不产生不良或者有害影响的最大剂量或浓度，是一个基于不同保护对象的多目标函数或一个范围值，如大气中SO_2年平均浓度超过0.115mg/m^3，对人体健康就会产生有害影响，这个浓度值就称为大气中SO_2的基准。因此，环境质量标准是衡量环境质量和制定污染物控制标准的基础，是环保政策的目标，也是环境管理的重要依据。

（二）污染物排放标准

污染物排放标准指为实现环境质量标准要求，结合技术经济条件和环境特点，对排入环境的有害物质和产生污染的各种因素所做的限制性规定。由于我国幅员辽阔，各地情况差别较大，因此不少省、市制定并报国家相关部门备案了相应的地方排放标准。

（三）环境基础标准

环境基础标准指在环境标准化工作范围内，对有指导意义的符号、代号、图式、量纲、导则等所做的统一规定，是制定其他环境标准的基础。

（四）环境监测标准

环境监测标准是保障环境质量标准和污染物排放标准有效实施的基础，其内容包含环境监测方法标准、环境标准样品和环境监测技术规范等。根据环境管理需求和监测技术的不断进步，以水、空气、土壤等环境要素为重点，积极鼓励采用先进的分析手段和方法，分步有序地完善该类标准的制定和修订，实验室验证工作还须同步进行，同时力求提高环境监测方法的自动化和信息化水平。

（五）环境管理类标准

结合环境管理需求，根据环境保护标准体系的特点，建立形成了管理规范类标准，为环境管理各项工作提供全面支撑。这类标准包括：建设项目和规划环境影响评价、饮用水源地保护、化学品环境管理、生态保护、环境应急与风险防范等各类环境管理规范类标准，还包含各类环境标准的实施机制与评估方法等，对现行各类管理规范类标准进行必要的制定和修订；通过及时掌握各行业先进技术动态与发展趋势，并参与全球环境保护技术法规的相关工作等，不断推进我国环境保护标准与国际相关标准的接轨。

第三节　环境监测数据评价

一、数据的处理

（一）数据的修整

1. 有效数字

测量中实际能够测到的数字称为有效数字，一般由可靠数字和可疑数字两部分组成。

在反复测量一个量时，其结果总是有几位数字固定不变，为可靠数字。可靠数字后面往往还有一位数字，在各平行测定中常常是不同的、可变的，这个数字往往是操作人员通过估计得到的，因此为可疑数字。

有效数字的位数不仅表示测量数值的大小，而且还表示测量结果的准确程度及仪器的精密程度。有效数字多写一位或少写一位能导致结果的准确度相差 10 倍。因此，测定结果的表示一定要正确反映仪器的精密程度，如分析天平称量可以读到小数点后四位，而台秤就只能读到小数点后两位，不能任意删减或增加。

测量结果中的“0”可以是有效数字，也可以不是有效数字，这与它在数字中的位置有关。例如：0.6019 四位有效数字（非零数字中间的“0”是有效数字）；6.0190 五位有效数字（小数中最后一位非零数字后的“0”是有效数字）；60190 以零结尾的整数，有效数字位数无法明确，为避免混乱，应根据有效数字的准确度写成指数形式，如 6.0190×10^4（五位有效数字）或 6.019×10^4（四位有效数字）。

2. **数据的修约规则**

在处理数据时，涉及的各测量值的有效数字位数可能不同，但各数据的误差都会传递到最终的分析结果中。为了保证结果的准确度，就要使每一个测量数据只有最后一位是可疑数字，即必须确定各测量值的有效数字位数，确定了有效数字位数后，要将多余的数字舍弃，这一过程就叫作数据的修约。规则如下：

（1）“4 舍 6 入”原则

准备舍弃的数字的一位如果小于或等于 4，则舍去；如果大于或等于 6，则进一。例如，将 16.641 修约为三位有效数字，为 16.6；将 16.661 修约为三位有效数字，为 16.7。

（2）“5”特殊原则

准备舍弃的数字的最左一位如果是 5，分别按如下情况修约。

①“5”后面如果无其他数字，或者有但都为“0”时，修约要看“5”前的那一位数，为奇数的进一，为偶数（包括 0）的舍弃。

例如，将下列各数修约为三位有效数字，结果如下：

16.65→16.6

16.6500→16.6

16.5500→16.6

②“5”后面如果有数字且不全为“0”时，要进一。例如，将下列各数修约为三位有效数字，结果如下：

16.651→16.7

16.6501→16.7

16.6510→16.7

数字修约时，只允许对原测量值一次修约到所需的位数，不能分次修约，例如，将3.9461修约为两位有效数字，不能3.9461→3.946→3.95→4.0，而应一次修约为3.9。

3. 有效数字的运算

（1）加减法

几个数据相加减后的结果，其小数点后的位数应与各数据中小数点后位数最少的相同。例如，156.6+25.62+1.0811，其中数据156.6的小数点后位数最少，故结果应取183.3。

（2）乘除法

几个数据相乘除后的结果，其有效数字的位数应与各数据中有效数字位数最少的数据相同。例如，16.6×21.02×9.1181，其中数据16.6的有效数字位数最少，故结果应取3.18×10^3。

（3）乘方和开方

一个数据经乘方或开方后，其结果有效数字的位数与原数据的有效数字位数相同。例如，$1.69^2=2.8561$，修约为2.86。

（4）取对数

在对数运算中，所得结果的小数点后位数（不包括首数）应与真数的有效数字位数相同。例如，当［H^+］$=5.3\times10^{-2}$mol/L时，pH值等于$-\lg$［H^+］$=-\lg(5.3\times10^{-2})=1.28$（两位有效数字）。pH值一般保留一位或两位有效数字。

（5）常数和系数

在运算过程中，常数（如π、e等）和系数、倍数等非测量值，可认为其有效数字位数是无限的。在运算中可根据需要取任意位数，不影响运算结果。

（6）误差和偏差的表示

表示误差和偏差的数据，其有效数字通常取1~2位。

（二）可疑数据的取舍

与正常数据不是来自同一分布总体，明显歪曲实验结果的测量数据，称为离群数据。可能会歪曲实验结果，但尚未经检验断定其是离群数据的测量数据，称为可疑数据。在数据处理时，必须剔除离群数据以使测定结果更符合客观实际。正确数据总有一定分散性，如果人为地删去一些误差较大但并非离群的测量数据，由此得到精密度很高的测量结果并不符合客观实际。因此，对可疑数据的取舍必须遵循一定的原则。

测量中发现明显的系统误差和过失误差，由此而产生的数据应随时剔除。而可疑数据的舍取应采用统计方法判别，即离群数据的统计检验。

二、监测结果的表达

（一）用算术均值（$\bar{x}$）代表集中趋势

测定过程中排除系统误差和过失误差后，只存在随机误差。根据正态分布的原理，当测定次数无限多（$n\to\infty$）时的总体均值（μ）应与真值（x_r）很接近，但实际只能测定有限次数。因此，样本的算术均值是代表集中趋势表达监测结果的最常用方式。

（二）用算术平均值和标准偏差表示结果的精密度（$\bar{x}\pm s$）

算术均值代表集中趋势，而标准偏差代表数据离散程度。标准偏差越大，表示数据越离散，精密度越差，算术均值的代表性越小；标准偏差越小，表示数据越集中，精密度越高，算术均值的代表性越大。因此监测中常以（$\bar{x}\pm s$）表示结果。

（三）平均值的置信区间

在系统误差已经消除的情况下，当测定次数趋于无限多时，随机误差的分布趋近于正态分布，各次测定结果的算术平均值就越接近于真值。但在实际工作中，测定次数总是有限的，得到的是样本平均值$\bar{x}$。在有限次测量中，合理地得到真值的方法应该是估计出有限次测量中平均值与真值的接近程度，即在测量值附近估算出真值可能存在的范围，这就引出了置信度和置信区间的问题。

置信度（P）就是人们对分析结果判断的有把握程度，它的实质仍然是某事件出现的概率（可能性），考察在测量值（x）附近某一范围内出现真值的把握有多大。平均值的“置信区间”是指在一定的置信概率（置信度）条件下，以平均值为中心的可能包括有真值的范围，在此范围内，对平均值的正确性有一定程度的置信。可用下式来表示置信区间的大小：

$$\mu=\bar{x}\pm\frac{t_{\alpha f}\cdot s}{\sqrt{n}} \tag{1-1}$$

式中，$\bar{x}$——多次测量结果的平均值；

$t_{\alpha f}$——统计量；

α——显著性水平，$\alpha=1-P$；

f——自由度，$f=-1$；

s——多次测量结果的标准偏差；

n——测定次数。

对于要求准确度较高的分析工作，提出分析报告时，不仅要给出分析结果的平均值，还要同时指出真值所在的范围（即置信区间）以及真值落在该范围内的概率（即置信度），用以说明分析结果的可靠程度，确定置信度不是一个单纯的数学问题。通常置信度取得大，则置信区间也大，估计的把握性也大。然而，置信区间过大，估计的精度就差，反而没有实用价值，甚至会造成浪费。做判断时置信度的高低应定得合适，处理分析数据时，通常取95%置信度。根据具体情况，有时也取90%或99%等置信度。

三、测量结果的统计检验

在实际监测工作中对所研究的对象往往不完全了解，甚至完全不了解。所掌握的往往是从研究的总体中抽取的样本资料。为了全面了解事物的本质，人们总是希望从样本所提供的信息去推断总体情况。例如，两个不同的分析人员或不同的实验室对同一样品进行分析时，两组数据的平均结果存在较大的差异。这就要通过统计假设检验来判断。所谓统计假设检验也称为显著性检验。它是根据目的，先对样本所属总体特征做出某种假设，如假设某一总体指标等于某个值，然后根据实际得到的样本资料所提供的信息，通过一定的统计方法，检验所做的假设是否合理，从而对假设做出拒绝或不拒绝的判断。下面讨论均数比较的显著性检验——T 检验。

T 检验的方法和步骤：

①建立假设和确定检验水平；

②计算统计量 T 值；

③确定 P 值和做出推断结论。

当 $t < t_{0.05(n')}$，即 $P>0.05$，差别无显著意义；

当 $t_{0.05(n')} \leqslant t < t_{0.01(n')}$，即 $0.01< P \leqslant 0.05$，差别有显著意义；

当 $t \geqslant t_{0.01(n')}$，即 $P\leqslant 0.01$，差别有非常显著意义。

应用条件：样本方差未知，当样本含量 n 较小时，要求样本取自正态总体。做两样本均数比较时还要求两个总体方差相等。

需要注意的是，假设检验得出的结论是概率性的，不是绝对的肯定和否定。

随着时代的不断发展和进步，越来越多的统计方法将进入环境监测数据分析与评价工作中，相关环境保护领域从业者应进一步提升对统计方法运用的关注程度，力求针对环境发展的各个阶段的状态进行全方位切入和研判。一方面，能够使环保决策更加科学可靠；另一方面，能加快环境保护工作的开展效率，避免因工作效率低下给成本控制以及工作目标造成压力。环境保护人员应积极针对数学统计方法进行深入研究和学习，及时解决其中存在的各项问题，使统计方法能够真正为环境保护工作提供相应的服务和帮助。

第二章　空气和废气监测

第一节　无机污染物监测

无机污染物的监测项目主要是一氧化碳、氮氧化物、氨、氟化物、五氧化二磷、二氧化硫、二氧化碳、氯、氯化氢、硫酸雾以及光化学氧化剂和臭氧等。能够直接进行仪器测定的只有一氧化碳、二硫化碳等少数项目；通过滤膜等固相吸附，再解析后测定的项目也不多，主要有氟、五氧化二磷、硼、硫酸雾、硫酸盐氧化速率等。大部分项目都是用相应的溶液吸收，然后用类似于水质监测的方法进行定量测定，如氮氧化物、氨、臭氧和光化学氧化剂、硫化氢、二氧化碳、氰化氢、二硫化碳、氯气、氯化氢等。从监测方法体系来看，除一氧化碳、二硫化碳等少数项目外，大部分采用的方法是水和废水监测中比较成熟的方法。因此，这里只概括介绍。

一、用紫外-可见分光光度法（UV）测定的项目

氮氧化物：用对氨基苯磺酸-冰乙酸-盐酸萘乙二胺混合水溶液作为吸收液，采样吸收后，用盐酸萘乙二胺分光光度法测定。

氨：用0.01mol/L的硫酸做吸收液采样后，用与水监测同样的纳氏试剂或氯酸钠-水杨酸分光光度法测定。

氰化氢：用0.05mol/L氢氧化钠做吸收液采样后，用同水质监测的异烟酸-吡唑啉酮分光光度法测定。

光化学氧化剂和臭氧：用pH值5.5±0.2的硼酸碘化钾做吸收液采样，硼酸碘化钾分光光度法测定；或用硫代硫酸钠-硼酸-碘化钾溶液吸收后，分光光度法测定。

氟化物：用磷酸氢二钾浸渍的滤膜采样，样品滤膜用水或0.25mol/L盐酸超声波浸溶后，用氟试剂或茜素锆分光光度法测定。

五氧化二磷：用过氯乙烯滤膜采集空气中五氧化二磷气溶胶加入与五氧化二磷作用生成正磷酸，用水中 PO_4^{3-} 的方法——抗坏血酸还原-钼蓝分光光度法测定。

SO_2：用四氯汞钾溶液吸收或甲醛缓冲溶液，吸收后用盐酸副玫瑰苯胺分光光度法测定是国内外通用的方法。为避免使用汞，用过氧化氢吸收并氧化成硫酸后，SO_4^{2-} 与过量高氯酸钡反应成硫酸钡沉淀，剩余 Ba^{2+} 与钍试剂结合生成络合物，520nm 分光光度法测定。此法操作复杂，灵敏度稍低，适合于测定二氧化硫的日均浓度，被列为 ISO 方法。

硫酸盐氧化速率：二氧化铅或碱片法简单易行，不需采样动力，已被各国普遍使用。碱片法是用碳酸钾溶液浸渍的玻璃纤维滤膜暴露于空气中，与空气中二氧化硫、硫酸雾、硫化氢等反应生成硫酸盐用铬酸钡分光光度法测定。

硫酸雾：实际上是用过氯乙烯滤膜采样后，测定样品中 SO_4^{2-} 的方法，可用二乙胺分光光度法测定。

硫化氢：用 $Cd(OH)^{2-}$ 聚乙烯醇磷酸铵溶液吸收采样后，亚甲蓝分光光度法测定。

氯：用含溴化钾、甲基橙的酸性溶液吸收采样，515nm 分光光度法测定。

氯化氢：用 0.05mol/L 氢氧化钠溶液吸收后，硫氰酸汞分光光度法测定。

二、紫外-可见分光光度技术（UV）基本原理

紫外-可见分光光度法是基于通过测定被测液对紫外可见光的吸收来测定物质成分和含量的方法。物质总是在不断运动着，而构成物质的分子及原子具有一定的运动方式，各种方式属于一定的能级。分子内部运动的方式有三种，即电子相对于原子核的运动、原子在平衡位置附近的振动和分子本身绕其重心的转动，因此相应于这三种不同运动形式，分子具有电子能级、振动能级和转动能级。当分子从外界吸收能量后，产生电子跃迁，即分子最外层电子（或价电子）从基态跃迁到激发态。分子吸收能量（如光能）具有量子化特征，即分子只吸收相当二能级差的能量（ΔE）。

$$\Delta E = E_2 - E_1 = hv \tag{2-1}$$

式中，E_1——基态（跃迁前）的能量；

E_2——激发态（跃迁后）的能量。

基本 E_1 与 E_2 能量是一定的，故对一定分子来说也是一定的。即只能吸收相当于 ΔE 的光能，所以分子对光具有选择性吸收。

电子能级间的能量差约为 20~100eV，相当于波长 60~1250nm 所具有的能量，紫外可见光区为 200~760nm，所以分子吸收紫外可见光后产生电子跃迁。分子振动和转动能级的能量差较小，相当于 50~100μm，属于红外区和远红外区。

紫外-可见分光光度法是选定一定波长的光照射被测物质溶液，测量其吸光度，再依据吸光度计算出被测组分的含量。计算的理论根据是吸收定律，它是由朗伯定律和比尔定律结合而成，故称朗伯-比尔定律。它是所有吸收光度法的理论基础，必须先了解它。

朗伯-比尔定律：是指当一束平行单色光通过均匀、非散射的稀溶液时，溶液对光的吸收程度与溶液的浓度及液层厚度的乘积成正比，即：

$$A = K\ C\ L \tag{2-2}$$

式中，A——吸光度；

C——溶液浓度；

L——液层厚度；

K——比例常数。

因此，对朗伯-比尔定律须正确理解的是：

①必须是在使用适当波长的单色光为入射光的条件下，吸收定律才能成立。单色光越纯，吸收定律越准确。

②并非任何浓度的溶液都遵守吸收定律。稀溶液均遵守吸收定律，浓度过大时，将产生偏离。

③吸收定律能够用于那些彼此不相互作用的多组分溶液，它们的吸收光度具有加合性，即溶液对某一波长光的吸收等于溶液中各个组分对该波长光的吸收之和：

$$A_{总} = A_1 + A_2 + A_3 + \cdots + A_n = K_1C_1L + K_2C_2L + K_3C_3L\cdots + K_nC_nL \tag{2-3}$$

④吸收定律中的比例系数 K 称为“吸收系数”。它与很多因素有关，包括入射光的波长、温度、溶剂性质及吸收物质的性质等。如果上述因素中除吸收物质外，其他因素皆固定不变，则 K 值只与吸收物质的性质有关，可作为该吸光物质的吸光能力大小的特征数据。所以，一般常在固定前四个因素的条件下求得 K 值。因为温度的影响不大，且一般在室温下测定，故可忽略其影响。入射光的波长一般是使用吸收物质的最大吸收（吸收峰）波长。故而当溶液浓度和透光液层厚度都为 1 时，溶液的吸光度 A 即为 K 值。它常用摩尔吸收系数 ε 表示，即溶液浓度为 1mol/L，透光液层厚度为 1cm 时，该物质的吸光度。它是吸光物质的重要特征常数，ε 越大，表示该物质的吸光能力越强，用吸收光谱分析时的灵敏度越高，如式：

$$A = \varepsilon \cdot L \cdot C \tag{2-4}$$

各种物质的 ε 值可以比较各种显色方法的测定灵敏度。如 $T_i - H_2O$ 络合物，ε 值是 500，测定浓度范围为 $0.4\times10^{-4}\sim8\times10^{-4}$mol/L；而 T-变色酸络合物，$\varepsilon$ 值是 5 000，测定浓度范围为 $0.4\times10^{-4}\sim8\times10^{-5}$mol/L，比用 H_2O 显色的测定灵敏度要高 10 倍。

在紫外-可见分光光度分析法中具体应用吸收定律的方式不同，所建立的具体分析方法也不同。

（一）标准曲线法

配制一系列已知浓度的标准溶液（C_1、$C_2 \cdots C_n$），在一定波长的单色光作用下，测得其吸光度分别为（A_1、$A_2 \cdots A_n$,），然后以吸光度为纵坐标，以浓度为横坐标作图。若该溶液遵守朗伯-比尔定律，即画出一条线。此线称为标准曲线。在测未知浓度的溶液时，只要在相同测定条件下测得其吸光度，即可由标准曲线上查得其未知液的浓度。

标准曲线使用一段时间后，因测定条件的变化必须对标准曲线经常进行检查和校正。即按原标准曲线制作时操作条件再配 1~3 份不同浓度的标准溶液，在相同条件下，测得相应的吸光度与原标准曲线比较，若完全相同，则证明原标准曲线仍可使用。若三点连成的新曲线与原标准曲线的斜率和吸光均不同，则证明原标准曲线已不能使用，须重新绘制。若二者斜率相同，仅吸光度数值不同，则可将原标准曲线平移至新的标准曲线位置后再使用。此法在测定条件稳定的情况下，测定结果较精确，特别适合于环境监测中的成批样品的测定。

（二）标样推算法

用一标准溶液 C_s，测得其吸光度 A_s；然后在相同条件下测得待测液的吸光度 A_x，则：

$$\frac{A_S}{A_X} = \frac{C_S}{C_X} \text{ 即：} C_X = C_S \frac{A_X}{A_S} \tag{2-5}$$

此法简便，适合单个样品的快速测定。

（三）差示光度法

差示光度法是用一个已知浓度的标准溶液做参比，与未知浓度的待测溶液比较，测量其吸光度，即：

$$A_S - A_X = \varepsilon(C_S - C_X)L \tag{2-6}$$

式中，A_s ——用作参比的标准溶液的吸光度；

A_x ——待测溶液的吸光度。

实验测得的吸光度：$A = A_s - A_x$，故称差示光度法。差示光度法有以下三种操作方法。

1. 高吸光度法

当检测系统未受光照射，调节分光仪的透射率为0%。当入射光通过一个比待测液浓度稍低的参比标液时，调节分光仪的透射率为100%。然后测定试样的吸光度。此法适于测定高含量的试样。

2. 低吸光度法

先用纯的标准溶液调节分光仪的透射率为100%，再用一个比待测试样液浓度稍高的参比液调节分光仪的透射率为0%。此法适于痕量物质的测定。

3. 极限精密法

选择两个组分相同而浓度不同的标准溶液（C_1，C_2）做参比。待测试液的浓度介于两者之间。先用一个比试样浓度大的参比，调节透射率为0%；再用一个比试样浓度小的参比，调节透射率为100%。用此法测量试样的吸光度，在整个吸光度读数范围内都是适宜的，故是最精确的。

三、紫外-可见分光光度计

国内外使用的紫外-可见分光光度计种类很多，基本结构原理与部件是类似的。一般紫外-可见分光光度计主要由五个部分组成，即光源、单色器、吸收池（比色皿）、检测器及信号显示器。

（一）光源

光源是提供符合要求的入射光的装置。它必须满足下述要求：它必须能够产生具有足够强度的光束，以便于检出和测量；其次，光的强度应稳定，在测量时间内应恒定不变。此外，所提供的光的波长范围应能满足分析的需要；对紫外吸收光谱分析法应能提供波长为200~400nm的光；对可见吸收光谱分析法应能提供波长为400~760nm的光。实际应用的光源可分为可见光光源和紫外光光源两类。

1. 可见光光源

最常用的可见光光源为钨丝灯，它可发射400~1 100nm范围的连续光谱。除可用作可见吸收光度分析法的光源外，还可用作近红外吸收光谱分析法的光源。

2. 紫外光光源

常用的紫外光光源为氢灯或氘灯，它们能产生180~375nm的连续光谱。但氘灯的发射光强度要比氢灯大些。

由于普通玻璃对紫外光有强烈吸收，所以氢（氘）灯必须使用石英窗。

（二）单色器

单色器是一种将连续光谱按波长的长短顺序分散为单色光并从中获得分析所需的单色光的光学装置。其分散过程称为色散，色散以后的单色光经反射、聚光通过狭缝到达溶液。单色器一般是由一个色散元件（棱镜或反射光栅或两者的组合）、狭缝及透镜系统组成，色散元件的作用是将连续光谱色散成为单色光，狭缝和透镜系统的作用是控制光的方向、调节光的强度和取出所需要的单色光，狭缝对单色光的纯度在一定范围内起着调节作用，它们对单色器的性能都起着很大的作用。由于所用色散元件的不同，单色器可分为棱镜单色器和光栅单色器。

1. 棱镜单色器

光源所发射出的连续光谱由入射狭缝进入，经准直透镜后成平行光，并以一定角度射到棱镜表面，在棱镜的两个界面上连续发生折射产生色散。色散后的光被会聚透镜聚焦在一个稍微弯曲并带有出射狭缝的表面上，转动棱镜可使所需要的波长的单色光通过出射狭缝射出。

透镜和狭缝系统对于单色器的性能及所获得的单色光的纯度和强度，同样有很大的影响。对于透镜，要求它透光和聚光性能良好，以减少光的强度的损失。影响单色光纯度和强度的狭缝主要是出射狭缝，它的作用是选择分析所需的工作波长。出射狭缝宽度越窄，单色光纯度越高，但通过的光能量越弱；反之，提高狭缝宽度，通过的光能量越强，但单色性纯度越低。对于狭缝宽的选择，我们采用实验的方法，先缓慢地降低狭缝宽度，调到溶液的吸光度不再增加，此时的狭缝宽度则是适宜的。

2. 光栅单色器

光栅是另一种色散元件，由于光栅刻画技术和复制技术的提高，分光光度用光栅做色散元件日益增多。通常光栅是在非常光滑的金属平面上定向刻画出许多等距离锯齿形的平行条痕，其数目依其所需的波长而定。如紫外吸收用的光栅每毫米内刻 1 200 条。光栅的色散是基于对光的衍射原理。衍射角与波长有线性关系，即波长越长，衍射角越大。依其不同的波长要求来刻画制作的光栅，所以它能将不同波长的光分开。

（三）吸收池

分光光度计中，吸收池即为比色皿，是用于盛装试液和决定透光液层厚度的器件。比

色皿一般为长方体，其底及两侧为毛玻璃，另两面为光学玻璃制成的透光面（光学面），两透光面之间的距离即为“透光厚度”或称“光程”。比色皿的规格是以光程为标志的（例如 0.5cm、1cm、2cm、3cm 及 5cm 等就是表示其透光厚度），最大的光程可达 10cm，最小的光程仅数毫米。

比色皿的质量指标主要包括透光面玻璃的光学性能和比色皿的几何精度两个方面。透光面必须由能透过所使用的小波长范围的光的材料制成。因此，紫外区必须使用石英比色皿，普通光学玻璃制成的比色皿只能在可见光区使用。对比色皿的几何精度的要求主要是两个方面：一是要求两透光面完全平行，并垂直于皿底，以保证在测定时，入射光可垂直于透光面，避免光的反射损失和保证光程固定；另一个要求是两透光面之间的距离应准确地与所标示数值相同，否则将导致测定误差（称为比色皿误差）。但一般商品比色皿的精度往往不是很高，与其标示值常有微小误差。即使是同一工厂出品的同规格的比色皿，也不一定完全能够互换使用。在仪器出厂前是经过检测选择而配套的，所以在使用时不应混淆其配套关系。配套的比色皿在用蒸馏水校正透射率为 100%时，彼此的误差应不超过 0.5。

在使用比色皿时，应特别注意保护两个光学面。为此，必须注意：

①拿取比色皿时，只许拿磨砂面，而不允许接触光学面。

②不得将光学面与硬物或脏物接触，只能用擦镜头纸或丝绸擦拭光学面。

③凡含有腐蚀玻璃物质的溶液，不得长期盛放在比色皿中。

④比色皿在使用后立即用水冲洗干净。若脏物洗不掉，可用盐酸-乙酸（1∶2）洗涤液浸泡，然后用水洗净。

⑤不得在火焰或电炉上加热或烘烤比色皿。

第二节　有机污染物监测

一、色质谱技术的基本原理

气相色谱-质谱联用分析法（GC-MS），简称色质谱法，是把气相色谱仪（GC）和质谱仪（MS）结合起来进行分析的方法。其 GC 部分用来分离多组分的混合污染物，而 MS 部分则对各组分进行分析。环境中的污染物在很多情况下是混合状态。利用 GC-MS 法只用 10^{-8}g 的混合试样在 2~30min 内便可进行定性、定量的分析，是其他方法难以比拟的。GC-MS 法的分析范围很广，几乎大多数有机污染物、有毒化学药品和农药、毒气、废气分析都能适用。

大家知道气相色谱对于很多成分的分离具有无可比拟的优越性，但为了鉴定某一污染物必须比较未知物与已知物的保留时间，在复杂组分的分析方面存在困难。而质谱法则相反，它适用于定性分析，根据质谱图可以研究试样的分子量和结构。但是它需要纯品试样或标准谱图，且在复杂的有机物的定量方面不是很方便，常须进行烦琐的标定和计算。

把 GC 与 MS 组合在一起，用 GC 分离装置作为 MS 的进样系统，用 MS 作为鉴定器进行定量分析，那么，就可以取长补短、发挥各自的优点，成为一种新的有效的分析方法。特别是计算机的连用，使数据处理和解析更加迅速准确，且自动化。

色谱分离是利用混合物中各组分在不同的两相中溶解、解析、吸附、分配及其他亲和作用的性能差别，在两相做相对运动时，各组分在两相中反复多次受到上述各作用力作用以达到相互分离。

质谱分析是通过对分离后的样品离子的质量和强度的测定，来进行各成分和结构分析。被分析的分离物首先离子化，然后利用离子在电场或磁场中的运动性质，把离子按质荷比（m/e）分开，记录并分析离子按质荷比大小排列的谱（通常称质谱）即可实现对试样成分和结构的测定。故此，首先要了解质量数、质量范围、分辨率和灵敏度。

（一）质谱数和质量范围

在质谱技术中，常用质量数表示离子质量大小，某原子的质量数是指该原子中质子和中子的总数。在质谱分析中，分子和原子都是以离子形式记录的，如果离子只带一个电荷，对于低分辨质谱仪，离子的质荷比在数值上就等于它的质量数，因此，可以说，质量数是离子质荷比的名义值。

质谱仪的质量范围是指仪器所能测量的离子质荷比范围。如果离子只带一个电荷，可测的质荷比范围实际上就是可测的分子量或原子量范围。不同用途的质谱仪质量范围差别很大，气体分析用质谱仪所测对象分子量都很小，质量范围一般从 2 到 100，而有机质谱仪的质量范围一般从几十到几千。

（二）分辨率（R）

分辨率表示仪器分开两个相邻质量的能力，通常用 R 表示。如果仪器能刚刚分开质量为 M 和 M+ΔM 的两个质谱峰，则仪器的分辨率为：

$$R=\frac{M}{\Delta M} \tag{2-7}$$

（三）灵敏度

不同用途的质谱仪，灵敏度的表示方法不同，有机质谱仪常用绝对灵敏度，它表示对于一定样品在一定分辨率情况下产生具有一定信噪比的分子离子峰所需要的样品数。目前，有机质谱仪灵敏度可优于 10^{-10} g。相对灵敏度是指仪器所能分析的杂质的最低相对含量。

二、质谱碎片法（MF）及质谱色谱法（MC）分析

MF 法是使用多离子监测器（MID），只限于检测以目的化合物为代表的特征峰的质荷比 m/e，在从 GC 流出的组分中，研究其特定的质谱峰是否存在。其特点是使灵敏度提高 10~100 倍，即使在 GC 分离不充分的情况下，也可以鉴别待定的组分成分。它可以从复杂的混合污染物中把特定的化合物高精度地分辨出来。因此，鉴定混在其中的狄氏剂极为困难，但如果着眼于狄氏剂的特征峰（m/e=378），应用 MF 法。

MC 法是把 GC-MS 连接在电子计算机上，在一定的质荷比 m/e 范围内连续反复地进行扫描，并将这些数字记录贮存下来。然后任意地设定需要的质荷比 m/e 数，把对应于各 m/e 值的离子强度变化的色谱峰绘下来。此法对于环境污染物的多层次分析十分方便有效，一次便可分析出全部结果。

三、色谱-质谱联用仪（GC-MS）

（一）气相色谱（GC）部分

气相色谱是作为混合物的分离手段使用的。它利用填充剂与气体分子亲和力的不同来分离混合物。亲和力小的成分首先分离出来。为了便于分离，填充剂的选择和柱子温度的确定是很重要的，关于这方面的技术与理论已在气相色谱法（GC）中详述过。一般的填充柱和毛细管柱都可使用，对于多组分混合物的分离，使用毛细管柱则可以更充分地发挥其 GC 的优越性，升温方式采取程序升温。如果柱温升得过高，填充剂的液相可能流出。因此，必须确定液相不流出的温度，掌握好 GC 的操作条件，以便得到好的质谱图。

（二）GC-MS 接合部

GC-MS 的接合部又叫接头，使用各种分子分离器，它是连接 GC-MS 的重要部件。当一个混合试样注入气相色谱仪的气化室后，试样被加热气化，由载气带入色谱柱中，经过

色谱柱后试样得到分离。但是，由于 GC 是常压操作，GC 出口为一个大气压，而 MS 要求 10^{-4}mm 汞柱以上的真空度，所以从 GC 出来的被分离的试样组分不能直接进入 MS，分子分离器的作用就是除去从 GC 流出的载气和降低压强，使试样可以进入 MS。分子分离器的种类很多，有喷射型、多孔壁型、高分子膜型等。目前应用最多的是喷射型分子分离器（一般用金属或玻璃制成）。

分子分离器的原理在于不同分子量的气体通过喷嘴时具有不同的扩散率。当用氮为载气时，样品的分子量远大于载气的分子量，所以，气体由喷嘴喷出后氮气扩散快，首先被真空泵抽走，而分子量大的组分分子扩散慢，依靠惯性继续前进。这样，经过一次喷射后，载气被抽走一部分，压强由一个大气压降低到大约 1mm 汞柱，而样品被抽走很少，也就是样品得到浓缩。同样，再经过一次喷射，压强再次降低到 10^{-4}mm 汞柱以上，样品进一步得到浓缩，最后进入质谱（MS）的离子源。

此外，由于真空保持技术的迅速发展，也有采用毛细管柱直接与 MS 连接方式的，在低流量的情况下，不用分子分离器，直接把毛细管柱子连接在质谱（MS）上也可保持高真空度。

（三）质谱（MS）部分

质谱（MS）首先把组分离子化，在真空中根据离子的质量 m 和电荷 e 的比（质荷比况 m/e）来分离各离子，然后测定与各质荷比（m/e）相应的离子强度，就可得到质谱图。

1. 离子化法

MS 是对样品的离子进行分析，因此首先要将样品的分子或原子电离成离子。使试样离子化的方法有电子轰击法（EI 法）、化学电离法（CI 法）、伤致电离法（FI 法）等。最常用的是 EI 法，其次是 CI 法。

2. 质谱分析仪

质谱分析仪有磁场型质谱分析仪和四极质谱分析仪两种。

磁场型质谱分析仪，是利用被加速到数千伏的离子通过一个均匀磁场时，其轨道半径随质荷比 m/e 不同来进行分析的仪器。

四极质谱分析仪是通过一个由四根平行配置的圆柱状电极所产生的四极电场中的振荡来实现离子质量分离的。电极的电场由直流电压以及与它叠加的具有数兆赫兹（MHz）、数千伏的高频电压所产生的。当离子沿着四圆柱电极中心轴通过电场时，在垂直于前进的方向上做复杂的振动。只有具有一定质荷比 m/e 的离子才能通过此电场，到达另一端的检测器；其他质荷比 m/e 的离子在振动时会碰到棒状电极，从而被“过滤掉”。

与磁场型质谱分析仪相比较，四极质谱分析仪具有体积小、重量轻、质谱扫描速度快、在低质量测灵敏度高等优点。但是，又有在高质量测灵敏度低、分辨率低等缺点。

经过质谱分析仪分离的离子，从集电极狭缝通过，用二次电子倍增管放大，把质谱记录下来。

四、色谱-质谱（GC-MS）分析

（一）含氯化合物的分析

在含氯化合物中，由于天然氯元素中同位素 CF 的丰度较大，所以其质谱图显示明显的同位素峰。

（二）二噁英类分析

大气中的二噁英类包括四氯化物、五氯化物、六氯化物、七氯化物、八氯化物等。它们的定性和定量测定，使用毛细管色谱（GC）和双聚焦质谱（MS），即 GC-MS 测定。用保留时间及离子强度之比定性鉴定二噁英类后，以色谱峰的面积用内标法定量。由烟道、烟囱和排气筒排出的燃烧及化学反应产生的废气中也含 4~8 个氯原子的多氯二苯，并对二噁英和多氯二苯并呋喃二者统称为二噁英类。采用 GC-MS 测定两种同系物和多种同分异构体，要求分辨率在 10 000 以上。对内标物分辨率要求在 12 000 以上，为了分别出各种异构体，要将校正质量用的内标物质和测定试样同时导入离子源，用锁定质量的方式选择离子检测（SIM）法进行测定，以校正检测选择离子附近质量离子的质量微小变化。

（三）多环芳烃类分析

多环芳烃主要来自煤、石油、垃圾等的不完全燃烧，测定的主要污染物有萘、苊、二氢苊、芴、菲和苯并蒽等。该方法是将采集在玻璃纤维滤膜或石英滤膜上的气溶胶颗粒物用二氯甲烷进行超声波萃取，在低温（或常温）离心分离后取出萃取液，再加入氯甲烷进行超声萃取，离心分离后，取出萃取液，合并萃取液并浓缩后用 GC-MS-SIM 测定多环芳烃，检测范围在几皮克到几千皮克数量级。

（四）环境激素类分析

许多环境激素类有机污染物，如杀虫剂、除草剂等农药残留量大都使用 GC-MS 技术进行监测分析，具有超强的定性能力且灵敏度高。其前处理方法主要有两种，一种是经典的液-液萃取法，如用正乙烷做溶剂进行液液萃取，用 GC-MS-SIM 法测定水中 27 种有机磷农药残留量，最低检测限范围在 0.03～0.45μg/L。另一种方法是固相萃取法，如用 C_{18} Empore 固相萃取盘进行固相萃取、用活性炭-硅藻土微型柱萃取、用 GC-MS-SIM 法测定地下水中的农药 199 种，其中 90%的农药可达 70%～100%的回收率。

（五）挥发性有机物分析

挥发性有机化合物（VOCs）在很多国家的环境标准中无论是水样或气样都作为必检项目。由于其含量低于 ng/g 级，对样品的前处理技术要求较高。水样的前处理目前主要使用顶空法。用静态顶空-自动顶空进样器 GC-MS 分析水样中的 23 种 VOCs，用顶空 GC-MS 法测定水中三氯乙烯等 53 种挥发性有机化合物。

第三节　颗粒物监测

一、颗粒物称重技术的基本原理

（一）总悬浮微粒（TSP）称重法原理

抽取一定体积的空气（大流量为 0.967～1.14m^3/min，中流量为 0.05～0.15m^3/min），通过已恒重的滤膜，空气中粒径在 100μm 以下的悬浮颗粒物被阻留在滤膜上，根据采样前后滤膜重量之差及采样体积，可计算总悬浮颗粒物的质量浓度，滤膜经处理后，可进行组分分析。

$$\text{总悬浮颗粒物(TSP, mg/m}^3\text{)} = \frac{W}{Q_n \cdot t} \tag{2-8}$$

式中，W——采集在滤膜上的总悬浮颗粒物质量（mg）；

Q_n——标准状态下的采样流量（m^3/min）；

t——采样时间（min）。

$$Q_n = Q_2\sqrt{\frac{T_3 \cdot P_2}{T_2 \cdot P_3}} \times \frac{273 \times P_3}{101.3 \times T_3} = Q_2\sqrt{\frac{P_2 \cdot P_3}{T_2 \cdot T_3}} \times \frac{273}{101.3} = 2.69 \times Q_2\sqrt{\frac{P_2 \cdot P_3}{T_2 \cdot T_3}} \tag{2-9}$$

式中，Q_2——现场采样流量（m^3/min）；

P_2——采样器现场校准时的大气压力（kPa）；

P_3——采样时的大气压力（kPa）；

T_2——采样器现场校准时的空气温度（K）；

T_3——采样时的空气温度（K）。

若 T_3、P_3 与采样器现场校准时的 T_2、P_2 相近，可用 T_2、P_2 代之。

（二）空气中细颗粒物（PM 2.5）称重法测定原理

使一定体积的空气通过带有 2.5μm 切割器的大流量采样器，小于 2.5μm 的细颗粒物被收集在已恒重的滤膜上，根据采样前后滤膜质量之差及采样体积即可计算出可吸入颗粒物的质量浓度，滤膜样品还可进行组分分析。

$$细颗粒物(\mathrm{PM\ 2.5},\ \mathrm{mg/m^3}) = \frac{W_1}{V_1} \tag{2-10}$$

式中，W_1——捕集在圆形滤膜上的细颗粒物质量（mg）；

V_1——标准状态下的采样体积（m^3）。

定期清扫切割器内大于 2.5μm 的细颗粒物，保持切割器入口距离，可防止大颗粒的干扰。

（三）灰尘自然沉降量测定原理

空气中的灰尘自然沉降在集尘缸内。经蒸发、干燥称重后，计算灰尘的自然沉降量。结果以每月每平方公里面积上沉降的吨数［t/（km^2·月）］表示。

（四）烟尘及工业粉尘的测定原理

按等速原则从烟道中抽取一定体积的含尘烟气，通过已知重量的滤筒，烟气中的尘粒被捕集，根据滤筒在采样前后的重量差和采气体积，计算烟尘的排放浓度：

$$烟尘或工业粉尘(\mathrm{mg/m^3}) = \frac{W}{V_{\mathrm{nd}}} \times 10^6 \tag{2-11}$$

式中，W——滤筒捕集的烟尘量（g）；

V_{nd}——标准状态下干烟气的采样体积（L）。

二、颗粒物测定称重技术的仪器要求

（一）采样器

为能够采集到空气中空气动力学当量直径小于100μm的颗粒物，大、中、小流量三种采样器均应符合以下技术要求：

①采样口方向必须向下，空气气流垂直向上进入采样口，采样口的抽气速度规定为0.30m/s。

②滤膜平行于地面，气流自上而下通过滤膜，单位面积滤膜在24 h内滤过的气体量Q，应满足下式要求：

$$2 < Q\,[m^3/(cm^2 \cdot 24h)] < 4.5 \quad (2\text{-}12)$$

用超细玻璃纤维或过氯乙烯滤膜采样，在测定总悬浮颗粒物的质量浓度后，样品滤膜可用于测定金属元素（如铁、铜、锌、镉、铅等）、无机盐（如硫酸盐、硝酸盐及氯化物等）和有机化合物（如苯并［a］芘等）。

③采样时必须将采样头及入口各部件拧紧，并经常检查采样头是否漏气，无论使用哪种流量采样器，在采样过程中必须准确保持恒定的流量。

④采样器在使用过程中至少每月校准流量一次，采样前后流量校准误差应不大于7%。

⑤采样器应定期维护，通常每月一次，所有的维护项目应登记在记录本上。

⑥采样器的电机刷应在可能引起电机损坏前更换。更换电刷后要重新校准流量，新更换电刷的采样器应在负载条件下运转1h，等电机与转子的整流子良好接触后，再进行流量校准。

（二）测尘仪

烟尘及工业粉尘可直接选用普通型采样管测尘仪或动压平衡型测尘仪和静压平衡型测尘仪中的任一种采样测定。应符合下述要求：

①采样时，生产设备应处于正常运转状态下，对工业锅炉，锅炉运行负荷应不低于85%。

②采样前，采样系统要进行漏气检查，方法是堵死采样管连接流量计量箱之间的橡皮管，打开抽气泵抽气，待流量计量箱上的负压表压力升至6.7kPa时，停止抽气并堵死流量计量箱出口的橡皮管，若1min内压力下降不超过133Pa时，即认为系统不漏气。

③在采样前应检查滤筒外表有无脱毛、裂纹或孔隙等损坏现象，如有应更换滤筒。当

用刚玉滤筒采样时，在称重前，要用细砂纸将滤筒口磨平，以防止因口部不平而密封不严。

④使用等速采样管采集高浓度烟尘时，采样过程中应注意采样管测压孔是否有积灰或堵塞现象，如堵塞应及时清除，保证等速精度。

⑤测试仪器装的流量计要求定期进行校正，转子流量计每两年校正一次，累积流量计每半年校正一次。如使用频繁应缩短校正时间。

（三）天平

监测站经常使用的称重仪器是分析天平，分度值为万分之一（或十万分之一），其精度应不低于三级天平（和三级砝码）的规定。天平计量性质的三性（不等臂性、稳定性、灵敏性）指标应定期进行检查，天平和砝码每年至少做一次定期检定。

1. 天平的不等臂性

在使用时应注意减少温度对天平的影响造成的天平不等臂性。要求全载等量砝码交换称量的停点偏差应小于 3 个分度值，使用中的天平交换两边缺码前后两次停点偏差应小于 9 个分度值。

2. 天平的稳定性

天平的稳定性即天平示值的变动性，是指天平在相同条件下多次称量同一物体时测量结果的一致性。分析天平示值变动不得超过一个分度值，多数是由于环境条件所引起的。故应注意天平室的环境条件要清洁、恒温、稳定，操作时要轻稳，以避免示值变动。

3. 天平的灵敏性

这是指天平能反映出放在秤盘上的物体质量改变量的能力。使用中的天平当在秤盘上放置 10mg 砝码时，指针偏斜的停点反应在微分标牌上的 10mg 刻度线与投影屏上的标线误差不得大于 2 个分度值（即 10+0.2mg 范围内）。空载时不超过+2、−1 个分度。天平三性指标合格方可使用。

三、颗粒物中金属含量的测定

尘粒中含有铜、铅、锌、铁等多种金属元素，由于大部分金属元素的含量都很低，所以要用灵敏度较高的方法，如极谱阳极溶出伏安法、原子吸收法、发射光谱法、原子荧光法及 X 射线荧光法等测定，以采用原子吸收法（AAS）最多。

（一）原子吸收法（AAS）分析技术

使用这种方法首先要把尘样制备成测定用的试液，然后才能在原子吸收分光光度计上进行测定，将尘样转变为试液的过程，包括有机物的消解和待测重金属组分的溶解。具体处理方法是干式灰化法和湿式分解法。

（二）X射线荧光分析（XRS）技术

1. X射线荧光分析技术原理

当用X射线管发射的X射线（一次X射线）照射被测物质时，一次X射线的一部分透过，残留部分被吸收（包括散射部分）。被吸收的X射线能量转变为二次效应的X射线是二次X射线和热量，二次X射线中固有的X射线被称为荧光X射线，照射的一次X射线的能量使物质中原子的K、L层电子跃迁，原子处于激发态。

X射线荧光分析技术，有使用分光晶体的色散型和不使用分光晶体的非色散型，色散型又分波长分散型和能量分散型。波长分散型有通用的扫描型和固定通道的多元素同时分析型两种。非分散型是多种半导体检测型，使用半导体检测器的非色散型X射线荧光法近年来由于半导体检测器的能量分解能力的提高和应用技术的进步而得到较大的发展，能量色散型仪器更多地用于颗粒物的定量分析中。

2. X射线荧光分析技术的特点

（1）分析速度快

分析时间取决于分析精度，但通常定量分析一种样品的一种元素，20~100s可获得满意的结果。对于可同时分析多种元素的扫描式多通道仪器也有可能在20~100s内完成多种元素分析。尤其是在仪器定性分析中，可在60min左右测定从原子序数为9的F到原子序数为92的U之间的全部元素。

（2）无损（原样）分析

以分析大气粉尘和PM 10、PM 2.5中的金属元素为例，试样不经前处理，直接用滤料采集的原样进行测定可测定到10^{-9}数量级，无须经过溶液化等复杂的前处理，不会因分析而使试样变质和飞溅，引入空白和损失的误差也很小，用一个试样可以反复进行分析，测定结果更加准确，分析后的试样可以长期保留。

3. X射线荧光分析应用

用能量色散X射线荧光法（EDX）对大气气溶胶中各种粒子的元素分析。电子显微

镜可对气溶胶中的粒子做形态观测，同时其附件可对粒子中的成分进行定量测量。

四、监测仪器维护

由于大气成分变化影响气候变化，极端气候引起的灾害性天气越来越频繁，尺度也越来越小，已经成为全球的热点问题。为了保证按时得到准确、可靠的资料数据，做好仪器维护维修，确保仪器能够正常工作，是非常重要的。气象工作实践表明，除了环境干扰和软硬件损坏，有些操作不当或仪器清洁维护不正确也会造成故障。当发现仪器故障时，应及时组织力量按照操作说明进行排除。若仍然无法解决，应及时向上级报告，以便获得多方面、多渠道的帮助。大气成分观测站保障人员应熟练掌握观测仪器的工作原理、常规操作、日常维护、业务软件的使用，日常值班时应注意详细记录故障现象。

第四节　降水监测

一、用离子色谱法（IC）测定的项目

离子色谱法测定降水中的阴离子是利用离子交换原理进行分离，由抑制柱抑制淋洗液，扣除背景电导，然后利用电导检测器进行测定。根据混合标准溶液中各阴离子出峰的保留时间以及峰高可定性和定量分析降水中的 F^-、Cl^-、NO_2^-、NO_3^-、SO_4^{2-}离子。方法的适用浓度范围和最低检出浓度随仪器的精度而定。

二、离子色谱技术的基本原理

离子色谱法（IC）是一种新的液相色谱分析技术，基本原理与气相色谱十分相似，可以运用速率理论解释许多重要的技术问题。但离子色谱的流动相为液体，液体与气体的理化性质有很大差异，故而分离机理与气色有很大区别。离子色谱当用低容量薄壳型阴离子或阳离子交换树脂为分离柱，当流动相将样品带进分离柱，由于各种离子对离子交换树脂的亲和性不同，样品在分离柱上分离成不连续的谱带，并依次被洗脱。常用电导检测器时，由于电导是溶液中离子的共性，在低浓度时是离子浓度的简单函数。但由于洗脱液几乎是强电解质溶液，它的电导比待测离子高两个数量级，掩盖了待测离子信号。当柱后引入抑制柱，降低本底电导值，使离子色谱分析得以运用。

离子色谱通常用离子交换剂为柱填料。其交换机理依其离子交换剂和离子交换平衡分

述如下。

（一）离子交换剂

离子色谱的固定相为离子交换剂。它是一种带有离子交换功能基的固态微粒。其结构为交联在高分子骨架上结合可解离的基团，在离子交换反应中，它的本体结构不发生明显变化，仅带有的离子与外界同电性离子发生等当量的离子交换。

在离子色谱中应用最广泛的柱填料是由苯乙烯二乙烯基苯共聚物制得的离子交换树脂。这类共聚物树脂基球与浓硫酸反应即制成带有磺酸基团的强酸性阳离子交换树脂；经氯甲基化反应后，其苯环上接上氯甲基，再与三甲胺反应接上季胺基团即得到强碱型阴离子交换树脂。还有弱酸、弱碱和螯合型等离子交换树脂。无论哪种类型离子交换剂，都是通过其功能基所结合的离子与外界同电荷的其他离子间发生取代和络合作用来达到分离的目的。

离子交换剂均具有一定的交换容量和亲水性。交换容量是指单位重量或单位体积离子交换剂所能交换某类离子的毫克当量数，由交换剂内含有离子交换功能基的浓度来确定。亲水性是指当离子交换树脂颗粒和水溶液接触时，水分子可以通过扩散进入离子交换树脂骨架内，与骨架上可离解功能基及其吸附的反电荷离子产生强烈的水合作用，这种水合作用又加速推动水分子向树脂内的扩散作用，使树脂颗粒逐渐增大体积。这种溶胀作用，扩大了树脂内部的孔隙，增加了骨架的柔性，有利于外界离子与骨架上同电性离子发生交换反应。但是过度的溶胀也会影响离子交换树脂的刚性，使色层床不能承受高的工作压力，对分离不利。常用交联度在8%~16%范围内，可兼顾其溶胀性和刚性。

（二）离子交换平衡

1. 在络合剂存在下的离子交换平衡

在用络合剂淋洗液时，其配位体和金属离子形成络合物，将对阳离子的选择性系数产生影响，许多金属离子与某些无机酸形成络合物，因此，不被阳离子交换树脂吸附，可以用阴离子交换色谱法分离。近年来，EDTA、酒石酸等淋洗液在过渡金属离子色谱分析中获得广泛应用。而用有机络合剂做淋洗液分析金属离子有许多优点：①能防止分析过程中发生水解、沉淀；②能加速金属离子的洗脱；③有可能在一根色谱柱上同时分析阴离子与阳离子；④某些有机络合物可以获得较大的分离度。

用离子交换树脂做固定相，也可以通过配位体交换来分离配位体，这种方法已应用于分离氨基酸及其他氨基化合物。

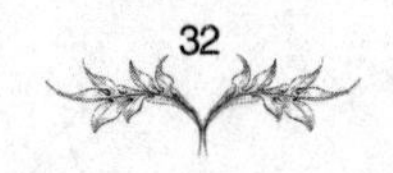

2. 用螯合树脂分离金属离子的化学平衡

通常的阳离子交换树脂对各类金属离子无特殊的选择性。螯合树脂能选择性地吸附这些金属离子。有些通过控制 pH 值也能达到选择性地吸附。用螯合树脂可以在大量的非络合金属离子存在下，选择性地吸附所需要的金属离子。用一根短的色谱柱，就可以由螯合树脂达到浓缩痕量金属的目的。

三、离子色谱仪

离子色谱仪由淋洗液贮罐、高压泵、进样阀、分离柱、抑制柱、检测器和放大记录等部件组成。大体分为输送系统、分离系统、检测系统和数据处理系统。

离子色谱仪可分为两大类：一类是以抑制电导检测为基础的双柱流程离子色谱仪；另一类是以直接电导检测为基础的单柱流程离子色谱仪。

（一）淋洗液罐

离子色谱的流动相为淋洗液，是离子色谱分析的又一操作条件控制手段。一般由贮液器提供符合要求的流动相，其容积应大于 0.5L，以保证重复分析的正常供液。有的商品仪器带有 4L 容积的聚乙烯塑料袋，容积的大小随淋洗液的减少而缩小，从而使淋洗液与大气隔离。用强碱淋洗时，应在瓶口装上烧碱石棉的二氧化碳吸收管，可以防止大气中二氧化碳渗入淋洗液。

配制淋洗液和再生液时应使用去离子水。水应经过一次蒸馏和过滤处理。去离子水的电导率应在 1μS/cm 以下，不应含有 0.2μm 以上的颗粒物和微生物，以免堵塞色谱柱。由分析纯以上的优级试剂配制，个别试剂应为光谱纯试剂。配制后用 G4 玻璃漏斗进行过滤方能使用，使用前要真空脱气。

（二）泵系统

离子色谱用小颗粒填料的细长色谱柱，因此，流动的阻力相当大，必须使用高压输液泵。多数采用双柱塞式往复平流泵。

这种泵用同步电机或变速直流电机驱动偏心轮传动，偏心轮推动两柱塞往复运动。当一柱塞后缩时，另一柱塞前伸，反之亦然。所以，柱塞往复泵输液是组合的。由电子线路调节电机转速可使之输出平滑稳定，其流量由转速控制。

柱塞材料均为宝石材料，长期运转几乎无磨损现象。输出压强在 0~129kg/cm^{2}内。

（三）分离系统

制备性能优良的色谱性，不仅要考虑柱填料的性能，而且柱材料、柱头结构、连接工艺条件和装柱工艺也十分重要。其中柱材料强度和内壁光洁度对柱效有显著影响。不锈钢制色谱柱可用于离子色谱，但不耐强酸淋洗液腐蚀。玻璃管内壁光洁，对柱效影响小，但耐压在 $50kg/cm^2$ 以下，限制了使用范围。由聚三氟氯乙烯材料制的色谱柱已广泛应用，内径 4~5mm、壁厚 1.5mm 时可耐压 $50kg/cm^2$，而且耐酸、碱、盐腐蚀。

色谱柱接口应设计成死体积最小，无死角和空穴。

使用过程中，如发现柱压异常升高，大多是由于支撑板堵塞所致。支撑板在柱两端，通常在分离柱前，装一短的前置柱（保护柱），以保护分离柱免受样品其他杂质的影响。此柱短至 5~15cm。

柱温±1℃（柱内温度保持±0.2℃）。国产 ZIC-1 型采用带有恒温加热系统的金属夹套来保持柱温恒定。

（四）检测系统

离子色谱的检测系统是检测器，它是离子色谱的关键部件。常用电导检测器，还有紫外-可见光度检测器、荧光光度检测器及安培检测器。

（五）数据处理系统

离子色谱分析结果都显示在记录图上，因此需性能优良的记录仪。若满度行程时间 $V \leqslant 1s$，输入阻抗高，屏蔽好。最好采用双笔式记录器，可进行双检测器分析。

计算机系统在高档次离子色谱仪中有重要作用。自动化控制器使之处于最佳状态，例如流速、进样阀、流路转换阀、柱温、检测器灵敏度以及自动调零和自动进样等。

程序化的控制器可选择不同的淋洗液，完成再生抑制柱和清洗色谱柱等工作。

（六）其他

流量测定对确定保留时间、峰高、峰面积均十分重要。输液泵可显示流量值，须定期进行流量校正。校正流量计用滴定管收集流出液，或用称重法。

为防止淋洗液泄漏，厂家已在设计中考虑。但须定时检查系统的密封性。

四、用电导检测器的离子色谱技术

（一）化学抑制型离子色谱

1. **高效离子色谱**（HPIC）

（1）HPIC 的分离机理

HPIC 的分离机理是离子交换。它是离子色谱的主要分离方式，用于亲水性阴、阳离子的分析。

阳离子分离柱使用薄壳型树脂。功能基只存在于树脂的基核表面，缩短了交换位与流动相之间的扩散路径，因此可以得到高的分离结果。

就阴离子分离柱而言，淋洗液中阴离子与样品中阳离子争夺树脂上正电荷的位置。样品中阴离子由于库仑力会有不同，即亲和力不同。样品离子在柱中迁移速度不同。

（2）影响离子洗脱的因素

①离子电荷。一般情况下，样品离子价数越高，对树脂亲和力越大，故保留时间随价数而增加（但也有例外）。

②离子半径。对相同电荷数的离子，离子半径越大，越易极化，亲和力越大。因此，对于碱金属，洗脱顺序是 Li^+—Na^+—K^+—Rb^+—Cs^+。对于卤族却是 F^-—Cl^-—Br^-—I^-。

③淋洗液的 pH 值。pH 值影响多价离子的分配平衡。

④树脂种类。离子交换树脂的交联度、功能基性质及其亲水性的大小等对离子分离的选择性起了很大作用，因为它直接影响分配平衡。

（3）抑制柱反应及抑制性

当淋洗液经过分离柱后，先进入抑制柱。抑制柱内填充 H^+ 型强酸型离子交换树脂，使淋洗液中弱酸离子转化为弱酸，从而使其导电值下降，这一反应称为抑制反应（淋洗液若不先进入抑制柱而直接进入检测器，则弱酸盐的导电值很大，会掩盖样品中待测离子的电导）。可以说，抑制柱反应是一种新型的柱后反应器，其一，将样品阴离子转变为相对应的酸，此酸中的 H^+ 的电导很大，从而使样品的电导经柱后反应变大。其二，它将淋洗液中弱酸根离子转化为电导值较小的弱酸分子，二者都能提高信噪比。

2. **高效离子排斥色谱**（HPICE）

（1）HPICE 的分离机理

在阴离子 HPICE 中，H^+ 型高容量离子交换树脂的电荷密度较大，使样品中阴离子由于受到排斥不能进入树脂微孔，而非离子型组分不受排斥，可进入树脂的微孔，如乙二醇，可进入微孔，从而达到分离。

（2）HPICE 和 HPIC 联用

如果样品中同时含有无机酸与有机酸，样品先通过 HPICE 柱，由于离子排斥，无机酸先通过此柱，先在 HPIC 中得到无机酸的色谱峰，就可以在有机物存在下分离无机酸。

3. **流动相离子色谱**（HPIC）

用疏水性的固定相、含有离子对试剂的亲水性流动相和抑制型电导检测器。这种方式具有反相离子对色谱的高选择性和高分离效率，同时又有化学抑制型电导检测器的离子色谱分析法的高灵敏度。

（1）分离机理

HPIC 分离机理较为复杂，一直存在不同观点。HPIC 的柱填料是高交联度、高比表面积的中性无离子交换功能基的聚苯乙烯大孔树脂。这种树脂的分离过程通过两个密切相关的过程中的一种方式完成（有时两个过程同时发生）。第一种方式是表面活性离子在树脂和流动相界面的直接吸附。它们定向排列，亲水的一端朝向极性大的流动相，疏水部分被吸附在树脂表面上，由形成的双电层起保留作用。已知高氯酸是一个有用的淋洗液，就是这一过程起作用。

HPIC 的第二种分离机理主要用于无机离子的分离，这些离子无表面活性，与第一种刚好相反，因为淋洗液中加入离子表面活性组分，这种外加成分吸附在树脂表面上，而被测定离子则通过与被吸附的表面活性层的相互作用而被保留。由于无表面活性，保留作用只在双电层的扩散层发生。

（2）影响 HPIC 的因素

①离子对试剂。为了使样品离子被非极性的固定相保留，必须使其具有疏水性。为此，在淋洗液中加入与样品离子相反电荷的平衡离子，它与样品离子生成离子对，HPIC 分离取决于这种离子对在两相间的分配。

当选用这种分离方式时，首先必须选择适宜的离子对试剂，常用的有脂肪族磺酸。一个高效的表面活性剂，当其平衡离子改变时，它的表面活性改变不大，因此，在 HPIC 中的选择性不高。在多数情况下，己烷磺酸钠是较好的离子对试剂。

离子对试剂的亲水性或疏水性的选择，主要取决于被分析离子的疏水性。一般原则是，对亲水性样品离子选择疏水性离子对试剂。

②有机改进剂。在淋洗液中加入有机改进剂可增加淋洗液的疏水性，使之更易接近疏水性的固定相，从而改变亲和力，减少保留时间。常用的有乙腈、甲醇和异丙醇，其中以

乙腈为好。

（3）HPIC 的抑制柱反应

HPIC 与普遍采用的离子对色谱有区别，主要是它要求运用化学抑制柱。抑制柱的作用是从淋洗液中除去离子对试剂，同时将待测离子转变为对应的弱酸。

（二）非抑制型离子色谱

1. 单柱阴离子色谱法

这个方法的创新点在于：①用低容量大孔型阴离子交换树脂（0.007～0.04mol/g）为柱填料，可有效分离无机阴离子；②选用低电导率的淋洗柱的 1×10^{-4}～5×10^{-4}的苯甲酸盐或邻苯二甲酸盐，不仅能有效洗脱各个阴离子，而且背景电导较低。

2. 单柱阳离子色谱法

此方法是用无机酸（盐酸或硝酸）或乙二胺盐做淋洗液，对多数阳离子可检测出 10^{-6}g。对碱金属和铵等用稀硝酸，对碱土金属用乙二胺硝酸盐，过渡金属和稀土元素用乙二胺阳离子加酒石酸阴离子或 α^{-}羟基丁酸阴离子的混合液。

第三章　土壤和固体废弃物监测

第一节　土壤及无机固体废弃物监测

一、用等离子发射光谱测定的项目

土壤是指陆地上能生长作物的疏松表层，是介于大气圈、岩石圈、水圈和生物圈之间的环境中的特有组成部分，接收着环境中的各类污染物。有些污染物（如重金属、无机盐等化合物）不易降解，被土壤积累吸附可造成土质恶化。土壤监测是指查清本底值预报和控制土壤环境质量。土壤的组成很复杂，可利用发射光谱分析手段监测土壤矿物质及其无机成分。

固弃物是指被丢弃的固体和片状物质，包括从废水、废气中分离出来的固体颗粒污泥等。它主要来源于人类的生产和消费活动，故包括矿业固体废物、工业固体废物、城市垃圾、农业废物等，通过各种途径对水质、空气和土壤造成污染、危害环境。有害固弃物的特性包括易燃性、腐蚀性、反应性、放射性、浸出毒性、急性毒性以及其他毒性（包括生物蓄积性、刺激性或过敏性、遗传变异性、水生生物毒性、植物毒性和传染性）等，按化学性质可分为有机污染与无机污染。发射光谱分析手段主要用于监测固体废弃物中的汞、镉、砷、六价铬、铅、镍、铜、锌、锰、钠、银、钡、铍、硼及其他无机污染成分。

二、发射光谱（ES）的基本原理

原子发射光谱分析，简称为发射光谱。它是利用物质发射的光谱而判断物质组成的一门分析技术。因为在光谱分析中所使用的激发源是火焰、电弧、电火花、高频电感等离子体焰炬等，被分析物质在激发光源的作用下一般都离解为原子或离子，因此被激发后发射的光谱是线状光谱。这种线状光谱只反映原子或离子的性质，而与原子或离子来源的分子状态无关。所以，光谱分析只能确定试样物质的元素组成和含量，而不能给出试样物质分子的结构信息。为了解它的基本原理必须知道原子结构、特征谱线和谱线强度。

原子是由原子核及绕其运动的核外电子组成的壳层结构，电子的每一个运动状态都和一定的能量相关联。原子发射光谱就是原子壳层结构及其能级性质的反映。发射光谱分析法基于不同的元素（原子）能产生不同的特征光谱。各元素（原子）之所以会有不同的特征光谱是与它们的原子结构密切相关的。

基态原子在外界能源（光、电、热等）的作用下，获得能量而使其外层电子从低能级跃迁到较高的能级，使原子具有更高的能量，呈激发态。激发态的原子是不稳定的，约经过 10^{-8}s，电子又从较高能级将多余的能量以光的形式放出，跃迁回到最低能级，即原子由激发态回到基态。这个过程可以一步实现，也可以分步实现。发射光谱分析法就是研究原子由激发态回到基态过程中发射出的光的性质而建立的分析方法。从这一点而言，它与原子吸收光谱分析法都基于一个共同的基础——原子外层电子的跃迁。但是两者是相反的过程。

由于原子中，两个能级间的能量差（AE）是量子化的，因此，原子由激发态回到基态时，所释放的光具有确定的波长：

$$\lambda = \frac{hC}{\Delta E} \tag{3-1}$$

因此，发射谱线的波长（λ）与激发态中的电子能级和较低能态或基态中的电子能级间的能量差 ΔE 成反比。所以发射光谱的波长不是任意的，而直接与激发态电子所返回到某一能级相关联。故而，每一条光谱线就代表原子中电子在一定能级跃迁所释放出的能量。

由于每一原子中的电子能级很多，原子激发以后将有各种跃迁情况出现，因此元素可能产生的发射光谱线是相当多的。但所幸的是，每种元素的原子都有自己特有的电子构型，即特定的能级层次。所以各元素的原子只能辐射出它自己特有的那种波长的光，以致各元素发射出互不相同的光谱。即所谓各种元素的特征光谱，正由于特征光谱的存在，才使发射光谱分析成为可能。

使原子激发到某种激发状态所需要的能量称为它的激发电位，常以电子伏（eV）为单位表示。各种元素的原子被激发所需要的最小激发能，即激发到最低能级时所需要的能量，称为该元素的共振电位。从这个能级跃迁回基态时所发射的谱线叫共振线。共振线在该元素（原子）的发射光谱中是最强的谱线，一般也是最灵敏的谱线。

如果给原子以足够大的能量，则可能使其外层电子脱离原子核的束缚而逸出，使原子成为带正电荷的离子，即电离。失去一个电子即为一次电离，失去两个电子即为二次电离，依此类推。但一般光谱分析的发射光源所提供的能量，只能产生一次或二次电离。使原子电离所需要的最小能量，称为电离电位。它反映了电子与原子核结合的牢固程度，它是该元素难易激发的标志。电离电位越高，越难激发。各元素的离子也与中性原子一样，当获得足够能量，其外层电子同样可被激发跃迁到高能级一样产生发射光谱，即为离子发射光谱。显然，原子序数为 Z 的元素的一次电离的离子光谱与原子序数为 Z-1 的元素的原子光谱相似。故而，在光谱分析的光源激发下往往在同一光谱，中既有原子光谱也有离子光谱。

谱线的强度是发射光谱分析的定量的依据。要使试样中的原子激发发光，首先就要将它们转化为气态原子，即蒸发过程。在这一过程中，物质处于等离子体状态。在蒸气云中心部分带正电和带负电的粒子浓度几乎是相等的。整个蒸气云接近电中性。在一般光源条件下，蒸气云中的粒子主要处于不规则热运动和相互碰撞状态。原子或离子在蒸气云中，依靠粒子间碰撞而发生能量传递，并以此获得能量而受激发。

三、ICP 等离子体发射光谱仪结构原理

随着现代科学技术的发展，20 世纪 60 年代有学者研制成功电感耦合高频等离子体新光源。20 世纪 60 年代中期有学者将其代替传统的火花或电弧为光源的光谱分析法，从而满足了迫切要求的环境样品微量、痕量元素的同时分析。ICP 发射光谱技术具有灵敏度高、精密度高、基体干扰少、线性范围宽、可以做多元素同时分析的优点。因此，可用于环境本底值（背景值）调查监测和土壤固弃物无机污染监测。近二十年来，国内外 ICP 技术发展很快，仪器类型较多，但大都是由高频发生器、炬管室、分光仪、测光系统和计算机系统五个部分组成。

（一）高频发生器

高频发生器是一个高频功率源，通过同轴电缆向耦合线圈提供高频能量，在耦合线圈中产生一个高频的交变电磁场。由三根同心的石英玻璃管组成的等离子炬管置于耦合线圈中，石英玻璃炬管中通入氧气，用 Tesla 线圈使管内少量氧气电离，电子在高频电磁场的作用下碰撞气体原子并使之电离，形成更多的电子和离子。这一过程连续下去，就可在耦合线圈中形成一个等离子炬。一般具有 10 000~20 000K 的高温，被分析样品通过等离子炬激发。

高频发生器是由电源部分、电源配电系统、高频部分、控制系统、自动功率控制系统

组成，能提供高频振荡。凡具有 4~50MHz 频率，并有 0.5~7kW 功率的发生器均可使用。目前，常采用 27~50MHz 和 1~2.5kW 的发生器、高频振荡多用晶体管振荡或电容调整式振荡电路，在固定频率下工作，感应圈通常用圆形的铜管绕成 2~3 匝水冷圈。

（二）炬管室及其机理

炬管室由阻抗匹配器、耦合线圈和循环冷却水系统、炬管及炬管调节机构、气路系统等部分组成。炬管是由石英制成的三层同心管组成。外管以切线方向进入冷却气，使等离子体离开管的内壁并冷却外管壁。中管进等离子气，为工作气流起维持等离子体的作用。内管进载气并引入试样的气溶胶送入等离子炬内。为了选择最佳的激发区，炬管可上下、前后调节，并可在投影屏上将等离子炬和线圈的影像直接显示出来，方便、直观。ICP 大多用来分析溶液，通常把溶液雾化成气溶胶，然后通过载气将其送入等离子体。溶液的雾化有气动雾化和超声波雾化两类。气动雾化是用喷雾器通过载气的作用来实现的。因此载气的流速是个重要参数，它将直接影响试液的雾化效率和被测元素原子化以及激发的效果。超声波雾化虽有利于提高雾化效率，但在常规分析中较少使用。

ICP 的工作原理如同高频感应加热金属一样，只是它加热的是石英管内流动的气体。当高频电流通过感应圈时，感应圈中的炬管内即产生轴向的交变磁场。由于磁通量的变化，管内气体产生垂直于磁场平面的循环闭合感生电流，气体被加热并发生电离，从而产生等离子体。开始时，因气体不是导体，高频磁场不能立刻产生等离子体，要点燃这一程序。这时用一个高频探漏器对准炬管发射，一些气体原子被电离后生成载流子，这些载流子在磁场的作用下运动，又与气体的其他中性原子碰撞并使它们电离。中性原子继续电离的结果，使气体产生足够的电导率，在垂直于磁场方向的截面上形成闭合环形路径的涡流，瞬间电流强度可达 100~1 000A。因为高频磁场的方向和强度随时间变化，环形路径上的离子和电子也同样受到磁场的加速运动。此时若高频探漏器离开炬管，等离子体也能自持“燃烧”。

高频感生电流有“趋肤”效应，即等离子体外层电流密度最大，而中心轴线上最小。与此相应，表层温度最高，中心轴线温度最低。

等离子体光源的工作温度比其他光源高，可以激发那些难激发的元素。在这样的高温且又是惰性气氛的条件下，几乎任何元素都不能再呈化合物状态存在。原子化条件极为良好，谱线强度大、背景小，可使测定的检出限降低。也正由于原子化条件好，试样中基体和共存元素干扰小，又由于等离子体光源稳定，分析结果再现性好、准确度高，故发展很快。

（三）分光仪

分光仪位于主机机柜的上部，由聚光镜、入射狭缝、光栅、出射狭缝、光电倍增管、分光室、机内恒温系统等组成。

聚光镜置于分光室外，入射狭缝、光栅、出射狭缝、光电倍增管置于分光室内；机内恒温系统是内部热风循环系统。

样品激发后发出的复合光，通过聚光镜 1∶1 地成像在入射狭缝上，聚光镜是石英玻璃单透镜。入射狭缝与谱线之间是物像关系，它的质量与谱线的质量有直接关系。它的宽度为 25μm±3μm。它可以在罗兰圆的切线方向上往复运动。打开分光仪正面上部的小门，转动分光室外面的测微鼓轮，即可达到使入射狭缝往复运动的目的。谱线扫描依靠入射狭缝的移动来实现。

分光仪的心脏部分是光栅（一般为 2 400 沟槽/mm、曲率半径为 750mm 的凹面光栅），置于一个十分牢固的底座上，可以承受搬运过程中的振动。光栅刻画得非常精密，不允许任何东西碰它，也不能有尘土。

为了使光电倍增管的输出稳定，在光栅前面有一个疲劳灯。当仪器处于待测状态时，疲劳灯始终发出一个很弱的光，照射每一个光电倍增管，用来疲劳它们。曝光开始前疲劳灯会自动熄灭，曝光终止后又自动点燃。

出射狭缝装在罗兰圆轨道上。它的宽度为 50μm 和 75μm 两种，它的位置可以任意移动。谱线与出射狭缝的对准精度很高，不一致性小于 6μm。

对应每一个出射狭缝都有一个光电倍增管。光电倍增管的类型根据谱线波长来选定，光电倍增管电路位于分光室内。它是由光电倍增管加速极分压网络和衰减电阻板构成。加速极分压网络的电阻焊接在光电倍增管的管座上。每只电阻为 1mΩ，衰减电阻板安装在分光室的侧面。每一个光电倍增管对应一只衰减电阻，其阻值的大小由现场调试确定。

为了降低仪器对环境温度的要求，分光仪内部采用机内恒温。恒温温度为 30℃，恒温系统由电炉丝、离心式风机和控温仪组成。

（四）微机测光系统

测光通道数一般为 50 道左右，每一通道设一个放大器，分段积分测量。

微机测光系统是由低压电源、高压电源、微型计算机系统、接口电路和积分电路等组成。

低压电源是由市电 220V 电压经变压器降压后通过双桥进行整流，经电容滤波为稳压

器提供±15V 串型稳压电源。

高压电源是由市电经整流、滤波和稳压变成直流高压电源（-1 000V，20A，稳定度 0.05%）供光电倍增管电源。

微型计算机系统，包括主机、软驱动器、打印机、显示器、软件操作系统等。

接口电路包括总线缓冲驱动、命令译码、多路选择控制、中断及定时、A/D 及 D/A 转换、显示及过程控制电路。

积分电路工作过程是启动电源、系统进入准备状态（如 7502 型 ICP），$C_{全}=0$，积分电容短路开关处于短路放电状态。当进入数据采集时，微机送出控制信号，使 $C_{全}=1$，积分电容短路开关打开，积分开始。系统进入巡检阶段，每 20ms 巡检一次各通道积分电压值。当超过 4.5V 时收数，并送该通道积分电容分选短路信号。释放已积累的电荷后，再重新开路积分累加收数。当预定的积分时间到时，最后将各通道积分数值全部收入微机累加存入相应存数单元，巡检结束。微机发送 $C_{全}=0$，使所有积分电容短路放电，进入准备状态。每次巡检，重复上述过程。数据采集完毕则可进行分析处理，打印出相应的报告。

自检电路中运行诊断程序，可及时发现主机和接口电路的故障，打印出故障部位，并点亮故障指示灯，通知维修人员做相应的检修。若无故障，则自动进入工作准备阶段，点亮准备灯及疲劳灯，使系统进入工作待命状态。

ICP 微机测光系统的工作过程是当微机系统通电启动后，首先运行系统自检程序、诊断接口电路及积分电路有无故障，并可打印相应故障部位供维修人员及时排除。若系统无故障，则可进入工作的准备状态。点燃准备指示灯及疲劳灯。当操作人员进行样品分析时，微机则按照操作员的命令运行相应的程序，并打印出分析报告。

（五）计算机系统

由计算机进行控制和数据处理，机型根据具体情况而定。计算机系统应包括主机、软盘驱动器、显示器和打印机等。

第二节　塑料及有机废弃物监测

一、用红外吸收光谱法（IR）测定的项目

红外吸收光谱法已经被越来越广泛地应用，尤其是对石油化工产品废弃物、有机络合

物、塑料高聚物进行监测分析（包括定性、定量、结构分析）的有力手段。它可以不管分析样品是气体、液体还是固体，可以不经过任何相的转换，而直接用不同的操作技术进行分析，通常十几分钟即可完成分析任务。还可以与其他分析技术配合使用，如色质联仪、激光拉曼光谱及核磁共振谱法等。例如，橡胶工业常用丁二烯为原料，对丁二烯中杂质成分的全分析可先经气相色谱把丁二烯中各组分分离，然后用红外光谱和质谱进行鉴定。

紫外可见吸收光谱主要用于测定有色分子，不能测定饱和烃及其简单的衍生物，而红外光谱，除一些同核分子外，大多数有机分子和无机分子都在红外区被吸收。因此，红外分光光度法测定的范围要广很多。此外，红外光谱对于分析性质相近的多组分混合物具有独到之处。如用红外分光光度计可以定量分析邻二甲苯、间二甲苯、对二甲苯和乙苯的混合物且方便迅速得出结果。红外吸收光谱最突出的特点是具有高度的特征性，除光学异构体外，每种化合物都有自己的红外吸收光谱，因此红外光谱法特别适于监测有机物、高聚物，以及其他复杂结构的天然及人工合成产物。各类项目的监测分析方法待进一步开发应用。

二、红外吸收（IR）光谱法的基本原理

紫外可见吸收光谱（UV）是电子光谱，即通过测量电子由低能级跃迁到高能级时所吸收的光子。而红外吸收光谱是分子振动转动光谱，是分子中的原子或基团吸收了光子之后进行振动或转动。通常根据各种化合物吸收了哪些波长的光来进行定性分析（包括结构分析），依据吸收的强度进行定量分析。

分子光谱能量可看成是由以下三个量子化的组成部分之和，即分子的转动能、分子中原子间的振动能和分子内的电子能。就是说每个分子只有一定数目的转动能级、振动能级和电子能级。分子的振动能级跃迁总是伴随着转动能级的跃迁。因此，可以想象与分子中电子跃迁相对应的吸收光谱也是很复杂的。红外辐射吸收主要限于那些在振动转动运动时会引起偶极矩净变化的分子。只有在这种情况下交变的辐射场才能同分子相互作用并使它的运动发生变化，从而在红外光谱中出现吸收谱带。这种振动方式是红外活性的。反之，在振动过程中偶极矩不发生改变的振动方式是红外非活性的，虽然有振动但不能吸收红外辐射。例如，CO_2分子的对称伸缩振动，在振动过程中，一个原子离开平衡位置的振动刚好被另一原子在相反方向的振动所抵消，所以偶极矩没有变化，始终为零，因此它是红外非活性的；可是反对称伸缩振动则不然，虽然 CO_2 的永久偶极矩等于零，但在振动时产生瞬变偶极矩，因此它可以吸收红外辐射，这种振动是红外活性的。

振动光谱的跃迁规律是所吸收的红外辐射能量与能级间的跃迁相当时才会产生吸收谱

带。但在常温下绝大多数分子处于振动基态，因此主要观察到的是振动基态（V=0）到第一激发态（V=1）的吸收谱带。

红外吸收谱带的强度决定于偶极矩变化的大小。分子振动时偶极矩变化越大，吸收强度越大。根据电磁理论，只有带电物体在平衡位置附近移动时才能吸收辐射电磁波。移动越大，即偶极矩变化越大，吸收强度越大。一般极性比较强的分子或基团吸收强度都比较大，极性比较弱的分子或基团吸收强度较弱。但是，即使是很强的极性基团，其红外吸收谱带比电子跃迁产生紫外可见光吸收谱带强度要小2~3个数量级。红外光谱应用最广的是中红外区2.5~25μm，相当于400~4 000cm^{-1}，即通常所说的振动光谱。

红外光谱图横坐标表示吸收峰位置，纵坐标表示透过率。根据吸收峰的位置、形状和强度可以进行定性分析，以便推断未知物的结构。根据吸收峰的强度可以进行定量分析。此外，还可利用红外光谱在催化、高聚物、络合物等结构机理方面进行研究。

振动吸收光谱的机理是：分子由原子组成，由几个原子组成的分子，有3n个自由度，其中三个是平移的，另外三个是转动的，剩下的就是3n-6个基谐振动（在线型分子中有两个转动，所以，其基谐振动数为3n-5）。各种振动（基谐振动）均在红外光谱的特征频率上分别进行吸收。由于有些振动不产生偶极矩，则在红外光谱中找不到吸收带。

简正振动又称基谐振动，可分为伸缩振动和弯曲振动（又叫变形振动）两类。

一般反对称伸缩振动比对称伸缩振动频率要高一些，弯曲振动的频率比伸缩振动要低得多。分子除了有简正振动对应的基谐振动谱带外，由于各种简正振动之间的相互作用，以及振动的非谐性质，还有倍频、组合频、耦合以及费米共振等吸收谱带。

倍频：是从分子的振动基态（V=0）跃迁到“V=2，3，…，n”等能级所产生的谱带。倍频强度很弱，一般只考虑第一倍频。如在1 715cm^{-1}处吸收的CO_2的基频，在3 430 cm^{-1}附近可观察到（第一）倍频吸收。

组合频：它是由两个以上简正振动组合而成。其吸收谱带出现在两个或多个基频之和或差的附近。

耦合：当两个频率相同或相近的基团联合在一起时，会发生耦合作用，结果分裂成一个较高、另一个较低的双峰。

费米共振：当倍频或组合频位于一基频附近（一般只差几个波数）时，则倍频峰或组合峰的强度常被加强，而基频强度降低，这种现象叫费米共振。

由上可知，所观测的红外吸收谱带要比简正振动数目多。但是更常见的情况却是，吸收谱带的数目比按3n-6计算的要少。

三、红外分光光度计结构原理

（一）色散型双光束红外分光光度计

由光源、单色器、检测器和放大记录系统等基本部分组成。

（二）傅立叶转换红外光谱仪（FTIR）

FTIR 主要是由光源、迈克逊干涉仪、探测器和计算机等部分组成。

傅立叶红外光谱仪（FTIR）与以往的其他色散型光谱法相比，有许多明显的优点，傅立叶变换红外光谱仪的干涉仪中只有一个动镜是运动零件，而动镜在无摩擦的空气轴承上移动，其运动受到十分稳定的 He-Ne 激光干涉系统监控，使得傅立叶变换红外光谱仪在测定光谱上比色散型仪器测定的波数更加准确。通过激光干涉图过零点取样，保证采样精度达到 $0.01cm^{-1}$。此外，傅立叶变换红外光谱仪采用计算机自动进行数字计算，比一般的模拟测量的精度高得多，有利于谱峰的分离鉴定以及谱库计算机自动检查，比混合物差谱检测和计算机多组分定量分析更为准确，其计算、数据输出和绘图显示全部由计算机自动完成。因此，傅立叶红外光谱具有很高的测量精度，同时杂散光低、分辨率高、光通量大、信号多路传输、测量速度快和测量波段宽。鉴于以上特点，傅立叶红外光谱仪的应用范围越来越广，特别是对石油化工产品废弃物、有机络合物、塑料高聚物、有机染料等的定性和定量监测分析具有明显的优势，不论待分析样品是气体、液体或是固体，均可以不经过相的转换，直接使用不同的操作技术进行分析，通常十几分钟便可完成，包括结构、正变异构、顺反异构、高聚物、结晶度的测定等。尤其是在催化剂表面结构、化学吸附、催化反应机理以及突发性污染事故应急监测、防化学战争和“反恐怖”活动中得到广泛的应用。

（三）红外分光光度计的主要部件

1. 使用的光源

色散型和傅立叶型两类光谱仪使用的光源基本相同。但傅立叶（FTIR）型对光源光束的发散情况要求更加严格。因为当入射光束发散时，发散光束中的中心光线和它的外端光线之间就会产生光程差而发生干扰，这样，即使动镜有足够的移动距离也得不到高分辨光谱。同时也会使计算出的光谱线发生位移。傅立叶（FTIR）型由于测定波长范围很宽，必须根据需要更换合适的光源。

2. 检测器

色散型红外光谱所用的检测器，如热电偶、测辐射热计、高莱槽等，能将照射在它上面的红外光变成电信号。检测器的一般要求是：热容量低、热灵敏度高、检测波长范围宽以及响应速度快等。

傅立叶（FTIR）型，因其中红外区（400~4 000cm^{-1}）干涉图频率范围在音频区，则要求检测器的响应时间非常短，即使色散型仪器中响应时间最短的高莱槽（响应时间为10^{-2}s）也不能满足它的要求。

3. 核心部分——单色器

单色器是色散型双光束红外光谱仪的核心部分，所使用的色散元件有光栅和棱镜两种。目前，多采用反射型平面衍射光栅。用光栅做色散元件时由于不同级次的光谱线互相重叠，降低色散功能，因此，须在光栅的前面或后面加一个滤光器，或者在它前面加一个棱镜。

傅立叶转换（FTIR）红外光谱是用干涉仪（原理如前所述）产生各单色光干涉图，经过样品吸收后所得到的干涉图强度曲线变化。

四、红外光谱分析样品制备

（一）气体样品

气体样品（如污染的空气或其他废气、挥发性的有机蒸气等）直接注入气体池内测定。气体吸收池的主体是一个玻璃筒，直径为4cm，长度分别10cm、20cm、50cm三种规格，两端的筒窗为NaCl（或KBr）盐片，玻璃筒和盐片间用黏合剂黏合或机械压合而成。样品池内的压力一般为500Pa。

在大气污染物测定中，往往还采用多次反射气体池，即利用光学上的多次反射，使光程长度提高到几十米。

（二）液体样品

液体或溶液样品直接注入吸收池内测定，吸收池的两侧是用NaCl或KBr晶体薄片做成的池窗。常用的液体吸收池有三种：固定液体池、可拆式液体池和可变池（测微计液体池）。固定池即密封池，厚度是一定的，不可随意拆卸；可拆式液体池，可根据需用的吸收厚度更换不同厚度的垫片。可变池厚度可以连续改变，从池体上的测微计即可读出池的厚度。固定池和可拆池相类似，所不同的是样品用注射器从进口处注射到池体中，所以垫片和晶片于进、出口的相对位置上有两个小孔，供样品进出用。测定完成后，用注射器把样品吹出，并反复清洗干净。不论哪种吸收池，液体吸收池窗片都很容易吸潮变污，致使透光性变坏。使用时严禁用手触摸窗片，拆装时应戴橡皮手套，在温度较低的房间内操作。测定含水或有腐蚀性物质的样品，必须经处理后才能使用液体池。液体样品制备通常采用液膜法和溶液法。

第三节　生物体残毒监测

一、污染物在动植物体内的分布

（一）污染物在动物体内的分布

动物吸收有害物质后，主要通过血液和淋巴分布到全身各组织而发生危害。按毒物性质及进入动物各种组织类型的不同，大体有下列几种分布情况：

①能溶于液体的物质，如锂、钠、钾以及氟、氯、溴等离子，在体内分布比较均匀。

②锑、钍等三价或四价阳离子，水解后成为胶体。它们主要贮留于肝或其他网状的内皮系统中。

③与骨骼具有亲和力的物质，在骨骼中含量较高。

④对某一种器官具有特殊亲和力的物质，将在该器官中积蓄较多，如碘在甲状腺中、汞在肾中积蓄较多。

⑤脂溶性物质与脂肪组织具有亲和力，因此脂溶性物质，如有机氯主要蓄积于脂肪中。

上述五种类型之间，又是彼此交叉的，往往是一种污染物对某一器官有特殊的亲和作用，但同时也能分布到其他器官中去。例如，铅除分布在骨骼中外，在肝、肾等组织器官中也有分布；砷主要分布于骨骼、肝肾中，在皮肤、毛发和指甲内也有分布。

（二）污染物在植物体内的分布

植物叶片对重金属、二氧化碳、氟化物、氯等有一定的富集能力。对叶片中的这些物质进行含量分析，可以了解大气污染物的种类、污染范围和污染程度。例如，植物的自然含氟量质量分数为 0.5~50mg/L，自然含硫量一般为 0.1%~0.3%，如果排除根系吸收等因素，测得叶片中氟和硫的含量高于上述自然含量，就表明大气中存在氟或二氧化硫的污染。树皮全年都能固定大气中的氟，监测树皮中含氟量的工作，在植物休眠期仍可进行，因此不受季节的限制。

植物从土壤中吸取的污染物积蓄（残留）在各部位的含量是不同的。一般的分布规律是按下列顺序递减的：

根>茎>叶>穗>壳>果瓤

有人用多种有机农药对糙米和不同的水果做过分布试验，得出的结果是糙米中有机农药的含量是：糠皮比白米大得多；水果中有机农药的含量是果皮比果肉大得多。但应该指出，由于植物种类和具体污染物的不同，也有不符合上述规律的实例。

例如，萝卜与胡萝卜中，根部含镉量就低于叶部；西维因（有机农药）在苹果中的含量则是果肉大于果皮。

二、样品的预处理技术

（一）风干与水分测定

一般监测项目，如总汞、有机汞、铜、铅、锌等都必须用风干样品进行测定，不能用暴晒和高温下烘干的样品。样品的制备方法如下：

①要选择通风良好、干燥、干净的实验室风干样品。室内摆好样品架，并按样品的多少准备搪瓷盘或塑料盘。样品盘必须预先用洗涤剂刷洗干净，用清水漂洗后，再用稀硝酸清洗两次，再用清水漂洗干净、晒干。在样品盘的外壁贴上标签，标签的内容与要样品瓶一致，要用防水墨水或碳素铅笔填写。

②按顺序将样品袋（瓶）中的样品分别倒入样品盘中（一个样品盘只能装一个样品），残留在瓶中的样品，可用干净的玻璃棒挑入盘中。拣出石块、贝壳、杂草等杂物，将样品在盘中均匀地摊成薄层。检查盘与袋（瓶）的标签是否一致，然后将盘放在样品架上让样品自然风干。要防止阳光直射和尘埃落入，在风干过程中还要定时翻动并将大块捣碎。

③将风干样品摊在有机玻璃板上（厚度为 5~10cm），用有机玻璃棒捣碎，再剔除碎石和动植物残体。过 40 目筛，弃去筛上样品。将筛下样品用四分法缩分，得到所需数量的样品。样品数量根据监测项目多少而定。

④将缩分后的待分析样品置于玛瑙研钵中（不能用其他材质的研钵）手工或机械研

磨，使样品全部通过 100 目筛。如果样品需要分析金属项目，网筛的材质必须是尼龙的或塑料的，不能用金属网筛。

⑤把过筛后的小样品反复搅拌均匀，然后放入预先清洗、烘干并冷却后的小磨口玻璃瓶中，塞紧瓶塞后，贴上标签放在阴凉处，尽快分析。标签内容与原样瓶和盘上的标签相同。另外增加制备日期和监测项目两项。

⑥从每批待测样品中选取 3~5 份，按下述方法测定水分：

称取 4~5g 样品于已知重量的称量瓶中，放入烘箱于 105~110℃烘 4h，取出后置于干燥器中冷却 0.5h，称重。

按下列公式计算待测样品水分含量：

$$\text{水分含量}(\%)=\frac{\text{风干样重}-\text{烘干样重}}{\text{风干样重}}\times 100\% \tag{3-2}$$

根据每个样品的水分含量，计算每批样品的水分平均含量（算术平均值）。

（二）消解与灰化

在分析生物样品中的痕量无机物时，通常都要将其所含的大量有机物加以破坏，使其转变为简单的无机物，然后进行测定。这样可以排除有机物的干扰，提高检测精度。破坏有机物的方法有湿法消解与干法灰化两种。

1. 消解法

消解法又称湿法氧化或消化法。它是将生物样品与一种或两种以上的强酸（如硫酸、硝酸、高氯酸等）共煮，将有机物分解成二氧化碳和水除去。为加快氧化速度，常常要加入过氧化氢、高锰酸钾、过硫酸钾和五氧化二钒等氧化剂和催化剂。常用的消解法有下列几种：

（1）硝酸-硫酸消解法

硝酸的氧化能力强，但沸点低，硫酸的沸点较高，将二者配合使用，既可利用硝酸的氧化能力，又可提高消解温度。两种酸的配合比可在较大的范围内变动，但以 2∶5 用得较多。

（2）硝酸-高氯酸消解法

硝酸-高氯酸系统的消解能力极强，是破坏有机物比较有效的方法。在消解过程中，硝酸和高氯酸分别被还原为氮氧化物和氯气（或氯化氢）自样液中逸出。由于高氯酸能与有机物中的羟基生成不稳定的高氯酸酯，有爆炸的危险，因此操作时，先加硝酸将醇类和酯类中的羟基氧化，冷却后在有一定量硝酸的情况下加高氯酸处理，即可避免爆炸。

(3) 硫酸-过氧化氢消解法

在测定氮、磷、硼、砷等元素时，常用硫酸-过氧化氢做消解液。一般是先加过氧化氢浸没试样，再加浓硫酸进行消解。

由于生物样品中有机物的含量很高，在加热消解时，总要产生大量的泡沫，容易使被测物遭受损失。若先加硝酸，在常温下放置24h，再加热消解时，泡沫的产生就会大为减小。

2. 灰化法

灰化法又称燃烧法或高温分解法。根据待测成分的不同要求，选用铀、石英、银、镍、铁或瓷制坩埚盛放样品，将其置于高温电炉中，温度一般控制在450~500℃即可进行灰化（烧掉有机物）。灰化完全后，将残渣溶解供分析使用。

对于易挥发的元素，如砷、汞等，为避免高温灰化时所引起的损失，可用氧燃烧瓶法进行灰化。此法是将待测样品包在无灰滤纸中，滤纸包悬挂于烧结在磨口瓶塞的铝丝钩上，瓶内事先充入氧气和溶解液，将滤纸点燃后，迅速盖严瓶塞使其燃烧灰化，所得溶液供分析使用。

(三) 提取和分离

测定生物样品中的有机污染物或农药时，首先要把待测物从样品中提取出来。为避免提取物中各组分的相互干扰，还要把不同的组分加以分离，然后才能进行测定。

1. 提取

提取有机物的方法有下列几种：

(1) 振荡浸取

在切碎的样品中加入适当的溶剂，于振荡器上振荡提取，滤出溶剂后，再重复提取一次，合并提取液供分离使用。这种方法对于蔬菜、水果、小麦、稻谷等都可使用。

(2) 组织捣碎

把样品适当切碎后，放入组织搅碎机中，加入适当的提取剂，快速搅碎3~5 min后过滤，滤渣再重复提取一次，合并提取液备用。此法比较常用，效果也较好，特别是组织中进行提取时比较方便。

(3) 索氏提取器提取

索氏提取器也叫脂肪提取器，是提取有机物的有效仪器。提取时，先将滤纸卷成直径略小于提取筒的筒状，一端用线扎紧，将研细的试样装入滤纸筒中，上面盖上滤纸后，放入提取筒中。在蒸馏瓶中加入适当的溶剂，连接好回流装置，加热提取。当提取筒中的溶剂面超过虹吸管的上端时，提取液就会自动流回蒸馏瓶中，如此反复进行。因每次提取时，试样都能与纯净的溶剂接触，所以提取效率高，且溶剂用量较少，所得提取液的浓度较大，有利于下一步分析。但此法费时较多，因此常作为标准法使用。

作为提取剂的物质，都是有机溶剂，要根据“极性相似者易溶”的原则进行选择。例如，极性弱的有机氯农药用极性弱的己烷等提取；而极性较强的有机磷农药、含氧除草剂等则可选用二氯甲烷、氯仿、丙酮等极性强的溶剂提取。所选溶剂的沸点一般在45~80℃之间。沸点太低，易于挥发；沸点太高，则难以浓缩，而且会导致热稳定性差的污染物的分解。除沸点外，选择溶剂时还要考虑毒性、价格以及在分析中有无干扰等。

2. 分离

利用有机溶剂提取残留在样品中的有机农药时，同时会将样品中的脂肪、蜡质和色素一起提取出来。因此，必须将农药与杂质分离开，才能进行农药的测定。分离方法有下列几种。

（1）柱层析法

这是一种应用最普遍的提纯方法，基本原理是先使提取液通过装有吸附剂的吸附柱，农药和杂质均被吸附在吸附柱上，然后用适当的溶剂进行淋洗。只要淋洗剂选用得合适，一般都是农药首先被淋洗出来，而脂肪、蜡质和色素则滞留在吸附柱上，从而达到分离目的。

（2）液-液萃取法

此法是以分配定律为理论基础的分离方法，即用两种互不相溶的溶剂，借农药与杂质在不同溶剂中溶解度的差别将其分离。例如，将农药与杂质的己烷提取液与极性溶剂乙腈混合摇振后，极性较强的农药就大部分进入乙腈层中，而极性弱的脂肪、蜡质和色素则大部分留在己烷层中。经过几次萃取后，就可将农药净化。

（3）磺化法

利用脂肪、蜡质等能与浓硫酸发生磺化反应的特性，在农药与杂质的提取液中加入浓硫酸时，脂肪、蜡质等与浓硫酸反应，生成极性很强的物质，从而将农药与杂质分离。

（4）低温冷冻法

不同物质在同一溶剂中的溶解度，除了与它们的本性有关外，还随温度的不同而不同。如在-70℃的低温下，用干冰-丙酮做制冷剂，可使生物组织中的脂肪和蜡质在丙酮中的溶解度大大降低，并以沉淀形式析出，而农药则残留在冷的丙酮中，经过滤即可将其分离。

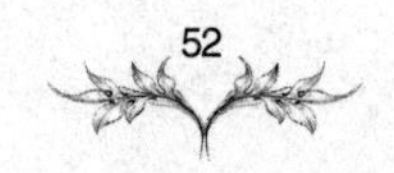

（四）浓缩

经提取、分离后所得的溶液，虽是纯净的待测物溶液，但因浓度很低，一般还不能用于测定，常常要用蒸发或减压蒸发的方法浓缩后，才能进行测定。

生物样品经上述处理后即可进行污染物含量的测定。测定方法很多，依其污染物的性质和实验室条件进行选择。有机物、农药残毒多用色谱法；无机重金属可用原子吸收分光光度法。

三、用极谱（POL）分析法测定的无机项目

极谱法具有仪器简单、分析速度快、可同时测定几种物质且灵敏度高等特点，亦常用于监测分析。在有机极谱分析上，许多有机物能在电极上发生氧化还原反应，但鉴于有些元素或有机物的电极反应过程及测量时影响因素都比较复杂，所以最常用的是无机极谱，包括锶、锰、铁、钴、镍、铜、锌、镉、铟、铊、锡、铅、砷、锑、铋等，测定技术在原经典极谱的基础上发展了示波、方波、脉冲、催化波极谱、溶出伏安法等。灵敏度也大大提高，各级环境监测站广泛应用阳极溶出伏安法测定痕量铜、铅、锌、镉等残毒分析。检测限在 10^{-11}～10^{-9}mol/L，灵敏度高，可与无火焰原子吸收光谱媲美。

四、极谱（POL）法的基本原理及装置

在环境监测中经常采用的溶出伏安法是从极谱法发展而成的，它设备简便，利用一般的极谱仪就可进行测定，连续测定几种离子而且灵敏度高，通常可达 10^{-11}～10^{-8}mol/L。所以成为极谱法中发展较快的技术之一。

溶出伏安法又称反向溶出极谱法，它是以恒电位电解富集法和伏安法相结合的一种极谱分析新技术。其基本原理是：首先将待测溶液在适当条件下进行恒电位电解，并富集在固定表面积的特殊电极上，然后反向改变电位，让富集在电极上的离子重新溶出，同时记录电流–电压曲线。在一定的测定条件下根据溶出峰电流的大小进行定量分析，即为反向溶出伏安法基本原理。

因为极谱分析是依据电解时所得到的电流–电压曲线进行的，因此电解装置必须能连续改变电解池外加电压，并随时记录通过电解池的电流，这样才能得到电流–电压曲线。

电解池由工作电极（或指示电极）和饱和甘汞电极（参比电极）组成。电解时移动电位器接触键来改变加在电解池两极上的外加电压（在 0～2.5V 范围内连续变化），工作电极和电位器负的一端相连，甘汞电极和正的一端相连。这时工作电极为阴极，工作电极

上进行还原反应。当反向时，工作电极和正的一端相连，甘汞电极和负的一端相连，这时工作电极变为阳极，工作电极上进行氧化反应。通过改变电流方向改变还原和氧化进行富集和溶出，达到提高测定灵敏度的目的。流经电解池的电流（在 0.01～100μA 范围内变化）可用灵敏检流计（G）记录外加电压改变过程中的电流的变化。

溶出伏安法通常使用的工作电极是静止汞电极，包括悬汞电极、汞膜电极和玻璃碳汞膜电极。

第四章　环境监测业务管理

第一节　环境监测业务管理概述

环境监测业务管理是依据法律法规和标准制度对从事环境监测活动的监测机构的技术业务能力进行科学管理的活动。环境监测业务主要是指为政府经济决策、环境管理、环境执法、环境科研等提供基础数据和技术支撑，满足社会公众的环境知情权，履行国际公约而开展的各类针对环境生态的环境监测活动。

环境监测标准是开展环境评估和环境监测的依据，是针对水、空气、噪声、土壤等环境因子的，主要有环境监测技术规范、环境质量标准、污染物排放标准和监测分析标准等。环境监测机构指派技术人员收集环境动态信息，即时更新标准库信息，建立我国的环境数据库和监测体系。同时监测机构要依据自身的监测能力，建立环境资源信息库，为环境监测业务提供支持。环境监测机构明确各监测指标的相关职能科室和职责，将业务办理通过流程图形式表现出来。如果是企业委托办理的业务，可以采取流转单方式向企业提出服务承诺。在内部，要认真审核业务办理的各个环节，提高效率，还可以采取项目负责人为委托企业负责的措施来提高效率。环境质量监测管理的目标是实现监测数据的完整性、准确性、代表性、可比性和精密性。要实现环境监测的“五性”目标，须做到全过程的质量控制。首先要到现场监测和采样，之后是中期的实验分析，最后是依据监测数据编制报告。目前，监测站的实验室分析都比较规范，质量控制好，全过程的质量监控重点布置在前期的采样等分析工作和后期的处理工作中。在前期工作中须对现场监测仪器进行校准，须采取适宜的采样方法，选取有代表性的采样点。后期的质量控制主要在于对报告的审核和评价方法的选取。要对监测业务进行规范化管理，首先就要建立项目管理动态信息库。信息库建立以后就能实时了解项目进展状况，方便对项目进行规范化管理。在业务管理中要定期把项目完成情况报给监管机构。在进行管理评审时，可以向管理层提供项目需求分析和项目开展情况，为业务开展提供强有力支撑。

环境监测的工作内容，即环境质量监测、污染源监督性监测、突发性环境污染事件应急监测及环境预警监测。各级环境监测站的主要业务是针对大气、水、噪声、振动、土壤、核辐射与电磁辐射、生态等的环境要素开展环境质量监视性监测以及污染源的监督性监测。根据社会发展的需要，环境监测机构陆续开展了突发事件环境应急监测、环境预警预报监测、环境污染损害鉴定监测、环境影响评价监测、考核监测、调查监测、科研监测及污染纠纷仲裁监测，还有室内空气质量检测、机动车尾气检测等服务性监测业务工作。根据监测任务来源和目的不同，有各自的业务管理重点。对指令性的四大监测任务，首先要做好监测点位管理；对服务性监测，首先要做好项目管理。

一、监测点位管理

当前环境监测机构的两大监测业务是环境质量监测和污染源监测。监测点位的设置是关系到监测数据是否有代表性，以及是否能够真实地反映环境质量现状、污染排放状况及变化趋势，是确保环境监测数据代表性、准确性和合法有效的重要保证。因此，点位管理非常重要。

（一）监测点位的设置

环境质量监测是指为掌握环境质量现状及其变化趋势，对各环境要素进行的监测。主要包括环境空气、地表水、地下水、酸雨、土壤、环境噪声、环境辐射等方面的监测内容。其监测点位的设置应根据监测目的、监测对象、污染物分布和具体条件，按国家标准、行业标准及国家有关部门颁布的相关技术规范和规定进行。确定和优化监测点位应遵循代表性、完整性、经济性、可控性的原则，力求用最少量、最合理的点位，获得最有代表性的监测数据。环境监测点位一经确定，其监测活动往往具有长期性。

污染源监测是指为确定污染源产生和排放污染物性质、种类、浓度、数量、排放规律及其排放去向进行的监测，主要包括污染源排放废气、废水、噪声源、固体废物等监测内容。污染源监测点位一般设置在污染源排放口或污染源周边，点位布设方法应符合污染源监测相关的技术规范，能全面反映污染源排放污染物的状况。

（二）监测点位的确定

用于长期观测的环境质量例行监测点位按照相关技术规范和优化布点原则设置后，应经过专家论证，并按分级管理原则通过审批后再确定。国控网络点位须经国家环境保护行政主管部门批准，省（市）控网络点位须经省（市）级环境保护行政主管部门批准。

污染源监测点位按照相关监测技术规范布设后，应通过污染源单位的认可，并报环境保护行政主管部门备案。

监测点的位置确定后，不宜轻易变动，以保证监测资料的连续性和可比性。

（三）监测点位的标识

长期性的环境质量和污染源监测点位确定后，其所在处应有固定而明显的标识，应设置人工标识物，如安装标识牌、竖石柱或搭木桩等。如没有条件，也可选择天然标识物。标识物要严防被移、被毁或丢失。每次采样都应严格以标识物为准，力求采集的样品能取自同一位置，以保证样品的代表性、再现性和可比性。

随着科学技术的发展，目前许多新技术也应用到环境监测点位控制中来。如建立带有条形码或信息钮的标桩，不仅可以标识监测点位，还可以记录监测点位信息；利用 GPS 全球定位技术、PDA 技术和网络通信技术精确定位采样点，并记录现场采样人员所在位置信息和时间。

（四）监测点位的建档

环境保护部门和环境监测部门应对确定后的监测点位建立管理档案。环境质量例行监测点位档案应包括监测点位名称、地点、编号、类型、监测项目、监测频次、位置经纬度坐标、参考标识物等必要信息。污染源监测点位档案应包括排污单位名称、点位置及编号、排放主要污染物种类、数量、浓度、排放去向等。监测点位档案信息应动态管理，及时更新。

（五）监测点位的变更

监测点位一经确定，不得擅自变更（增加、取消或移动）。环境质量例行监测点位如因周围环境发生重大变化，不再具有代表性或影响监测数据获取，确须变更的，可按相关监测技术规范要求选择变更点位，并按分级管理原则，向相应环境保护行政主管部门提交变更申请和变更点位的技术报告，经审批后实施变更。

污染源监测点位如遇生产工艺或排污口变化等原因须变更时，可进行调整。但调整后的监测点位应重新备案。

监测点位变更后应注意保存原有点位信息，以保证监测数据的可追溯性。

二、监测项目管理

对于服务性监测工作，首要是做好项目管理工作，能较好地满足服务对象的要求，应设立专门的项目管理部门或组织专门人员，制定科学的项目管理办法，建立规范的办事程序，负责与客户洽谈沟通，了解客户需求，保证监测项目符合技术规范、标准和工作目标要求。对外公平公正，树立监测机构的良好形象。项目管理人员应具备相关监测业务知识，熟练掌握监测方法和技术规范，了解监测部门的监测能力和工作程序，并有较强的语言交流能力，可对客户提供必要的技术和业务咨询服务。项目管理的主要内容为项目洽谈、合同或协议签订、合同评审、任务分解下达、项目实施的跟踪管理、项目经费管理、报告审核和项目资料存档等。

三、监测样品管理

无论是哪种类型的监测，监测样品的管理都是非常重要的。妥善而严格的样品管理是获得可靠监测数据的必要手段。

监测样品的管理贯穿监测的主要过程，一般包括样品的采集、保存与运输、交接、实验室分析、贮存与处置。这些环节国家都制定了相应的技术规范和导则，是规范管理样品的依据。

依据相关准则要求，监测实验室应建立样品采集、标识、保存、运输、接收、贮存和处置的程序。样品采集前，要按照采样技术规范要求做好准备工作；样品采集后，进入实验室前，应严格按照程序和技术规范进行管理，以避免样品在流转过程中损失、玷污、混淆和变质。应确保样品具有代表性、完整性和可比性。

为了保证监测活动的可追溯性，样品应有唯一性标识，并确保在接收、分析、贮存、处置等不同的实验阶段，都保持清晰的流转状态标识，保证样品不发生混淆和必要时可追溯。

实验室分析后废弃的样品以及超过保存期的样品，从某种意义上讲也是一种污染物，不得随意排放和丢弃，应按照样品性质及实验室废弃物处置要求，进行妥善处置。

第二节　环境质量监测管理

一、环境质量监测概述

（一）环境质量监测的目的

环境质量监测是环境监测的主要工作之一，是环境监测系统的主要职责。开展环境质量监测首先要了解国家有关环境质量监测工作的政策，开展环境质量监测的目的、服务对

象，采用的手段、标准与技术方法。目的明确，才能更好地履行职责。

环境监测属政府行为，履行环境保护的技术支持、技术监督和技术服务的职能。同时作为社会公益事业，环境监测还有为社会提供服务的职能。

（二）开展环境监测工作的依据

一是法律依据，主要包括各种国家法律体系。

二是行政法规，主要包括国家相关条例、法规等。

三是部门规章与文件，主要包括中央规划、每年度的环境监测工作要点与监测方案等。

四是技术依据，主要包括环境质量标准、污染物排放标准、监测技术规范、污染物的分析方法，以及监测质量管理的要求。

（三）环境质量监测的内容与分类

环境质量监测工作主要是针对影响人体健康、生态环境的内容开展监测工作，主要包括制订监测方案，确定监测对象、监测目的、监测项目、监测频次、监测范围、监测手段，选取适合的监测方法、评价方法、评价标准，出具监测报告等。

环境质量监测工作有多种分类方法，根据监测对象不同、监测目的不同、监测手段的差异等可以有多种分类。

根据监测要素不同，可分成空气、水、声、生物、生态、土壤、辐射等监测活动；

按照监测活动的目的不同，可以分为常规监测、应急监测、预警监测、仲裁监测、调查监测、研究监测、服务检测等；

按照监测活动服务对象的不同，可以分为管理监测、考核监测、科研监测、委托监测、服务监测等；

按照监测物质性质的不同，可以分为无机监测、有机监测、生物监测、生态监测等；

按照监测手段的不同，可以分为手工监测、自动监测、卫星遥感监测等。

二、环境空气质量监测

环境空气质量监测是环境质量监测工作的主要内容之一，其监测目的是准确掌握和评价环境空气质量现状及其变化趋势，客观反映环境空气污染对人类生活环境的影响。根据科学技术的发展不断完善监测手段、监测内容、方法标准，提高空气质量监测数据质量和时效性、预报的准确性。

在开展常规环境空气质量监测工作的同时，我国还开展了一些专项空气质量监测工作，如酸沉降监测、沙尘暴监测、灰霾天气监测、温室气体监测等。

空气质量监测网络分为国家级、省级、市级。设立国家环境空气质量监测网的目的主要是确定全国城市区域环境空气质量变化趋势，反映城市区域环境空气质量的总体水平；确定全国环境空气质量背景水平以及区域空气质量状况；判定全国及各地方的环境空气质量是否满足环境空气质量标准的要求；为制定全国大气污染防治规划和对策提供依据。

（一）空气质量监测点位设置与网络建设

1. 空气质量监测点位设置

我国环境空气质量监测点位依据相关规范在城镇建成区内设置监测点位。监测点位的数量一般根据所在城市建成区面积、居住的人口数量来确定。

根据监测目的的不同，一般将监测点位分为空气质量评价城市点、空气质量评价区域点、空气质量评价背景点、污染监控点（包括交通点）。近年来，随着空气污染区域性问题突出，国家开始建设区域性空气质量监测点；为掌握特异天气的空气质量标准现状和变化趋势，设立了酸雨监测点、沙尘暴监测点、灰霾天气监测点等专项监测点位。

监测点位认证程序一般是在现状调查的基础上，根据实际监测和模型计算，确定监测点位数量和位置，编写技术报告，报环境保护行政主管部门批复后实施监测。

环境空气质量监测点位实施分级管理，分为国家、省、市、县四级，分别由同级环境主管部门负责管理。国务院环境保护主管部门负责国家环境空气质量监测点位的管理，县级以上地方人民政府环境保护主管部门参照执行本标准对地方环境空气质量监测点位进行管理。

上级环境空气质量监测点位可根据环境管理需要从下级环境空气质量监测点中选取。

2. 监测网络建设

空气质量监测网络实行分级管理，一般分为国家级、省级、市级。设立国家环境空气质量监测网的目的主要是确定全国城市区域环境空气质量变化趋势，反映城市区域环境空气质量总体水平，确定全国环境空气质量背景水平以及区域空气质量状况，判定全国及各地方的环境空气质量是否满足环境空气质量标准的要求，为制定全国大气污染防治规划和对策提供依据。省市级环境空气质量监测网络设立的目的是为当地环境管理服务，反映当地的空气质量变化趋势和现状。

空气质量监测网络也可按照监测内容，分为空气质量监测网络、酸雨监测网络、沙尘暴监测网络、区域空气质量监测网络、空气背景值监测网络等。

（二）环境空气质量监测内容

1. 监测项目

依据我国空气污染的特性和监测能力与水平，现阶段空气质量监测的项目主要是二氧化硫（SO_2）、二氧化氮（NO_2）、PM 10（粒径小于等于10μm，简称颗粒物）三项主要污染指标。重点城市每季度增加汞、氟化物、苯并芘等监测项目，部分重点城市和省会城市开展温室气体监测。

2. 监测手段

我国目前采用的空气质量监测手段包括空气质量自动监测系统和手工监测两种。其中自动监测是主流。所谓自动监测就是在监测点位采用连续自动监测仪器对环境空气质量进行连续的样品采集、处理、分析。手工监测是在监测点位用采样装置采集一定时段的环境空气样品，将采集的样品在实验室进行分析、处理。

目前，环境空气质量监测、环境空气质量背景监测、沙尘暴监测、温室气体监测均采用自动监测，部分城市开展了酸沉降自动监测试点。

部分农村环境质量监测、酸沉降监测、干沉降（硫酸盐化速率、降尘）等采用手工监测。

3. 监测频次

监测对象和要求不同，监测的频次也不相同。

环境空气质量、区域空气站、背景站、温室气体监测：每天24小时连续监测。

农村环境空气质量监测：每年选取5天开展监测，每天24小时连续监测。

湿沉降：逢雨雪开展监测。

干沉降：每月监测一次。

沙尘暴：1月—6月连续监测，其他时间在沙尘天气发生时开展实时监测。

温室气体：上半年、下半年各一次。

三、水环境质量监测

水环境质量监测主要是利用有关监测技术与方法，对地表径流和地下潜流水质状况进行监测、分析、评价，了解水质变化的趋势和管理重点，为管理部门的水污染治理与防治提供基础资料。

（一）水环境质量监测断面设置与网络建设

1. 监测断面的设置

为了全面客观地评价水体质量，应在河流、湖库设置一定的监测断面或监测垂线，在固定的位置采集样品和分析水质。

监测断面是指在河流采样时，实施水样采集的整个剖面。一般分背景断面、对照断面、控制断面和削减断面等，在流注入海洋的河段设置入海口断面。

监测断面的布设原则就是在宏观上反映水系或所在区域的水环境质量状况，监测断面具体位置能反映所在区域的水环境的污染特征；尽可能以最少的断面获取足够的有代表性的环境信息；尽可能与水文测流断面一致，要考虑实际采样时的可行性和方便性。

监测断面设置的数量要能反映一个水系或一个行政区域的水环境质量。

2. 水环境质量监测网络建设

我国对水环境网络实行分级管理，设立国家、省、市三级网络。国家网注重国（省）界、大型饮用水水源地、重要河流干流和一级支流、大型湖泊、水库等水质的监测工作。

（二）水环境质量监测的工作内容

1. 饮用水水源地水质监测

其监测目的是及时监控饮用水水源地的水质状况，掌握饮用水水源地水质的变化规律，发现污染水质的隐患，保证公众饮水健康，对地表饮用水和地下饮用水水源地水质进行监控。

2. 监测频次

一般国控断面、省控断面和跨省界断面、重要饮用水水源地监测断面水质每月监测一次，湖、库、淀和地下水水质隔月监测一次。考核断面或为环境管理设置的断面，监测频次按照有关文件要求开展监测。

河流（湖库）水质监测一般安排在每月的 1 日—10 日监测，逢法定假日监测时间可后延，最迟不超过每月的 15 日。

饮用水水源地常规项目：地级以上城市在每月 1 日—10 日之间开展监测；县级行政单位所在城镇地表水饮用水水源地在每季度第一个月的 1 日—10 日之间开展监测，地下水饮用水水源地每半年开展一次监测（前后两次采样至少间隔 4 个月）。如遇异常情况，则须加密监测。

3. 水质自动监测系统

实施地表水水质自动监测，主要目的是实现水质的实时连续监测和远程监控，及时掌握主要流域重点断面水体的水质状况，预警预报重大或流域性水质污染事故，解决跨行政区域的水污染事故纠纷，监督总量控制制度落实情况。

水质自动站与常规手工监测相比，具有监测频次高、数据获取量大、反应迅速、实时监视和预警功能等特点。

四、近岸海域监测

近岸海域指与沿海省、自治区、直辖市行政区域内的大陆海岸、岛屿、群岛相毗连，领海外部界线向陆一侧的海域，为自沿岸低潮线向海一侧12海里以内的海域。

近岸海域监测不同于内陆河流的水质监测，在项目设定、点位设置、监测方法与手段、评价标准等方面都有自己的特点。

开展近岸海域水环境监测的主要目的是全面、准确、及时地掌握近岸海域的污染状况、环境质量现状及其发展变化趋势，反馈入海污染治理效果等管理信息，为环保管理部门进行海洋环境管理、规划和近岸海域资源的可持续开发利用提供科学依据。

近岸海域监测一般分为常规监测、专项监测、应急监测和科研监测。监测内容包括海水水质、沉积物质量、海洋生物、潮间带生态监测、生物体污染物残留量和简易水文气象等。

（一）监测网络建设

目前我国近岸海域环境监测网有70多个成员单位。设有300多个近岸海域环境质量点位；400多个污水日排放量大于100m^3的直排海污染源监测站点；200多个入海河流水质和排污总量监测断面；对20多个海水浴场实行水质监测。近岸海域监测实行分片管理制度。

（二）近岸海域例行监测内容

1. 近岸海域水质、沉积物、海洋生物监测

（1）近岸海域站位布设的一般原则与方法

近岸海域环境质量监测一般采用网格法布点，环境功能区监测站位一般设在环境功能区的中心位置，污染影响监测站位布设一般采用收敛性集束式（近似扇形）。点位设置时，

要兼顾海洋水团、水系锋面、重要渔场、养殖场、主要航线、海湾、入海河口、环境功能区、重点风景区、自然保护区、废弃物倾倒区以及环境敏感区等，综合反映监测海域的环境和各类环境介质站位的协调性，尽量避开航道、锚地、海洋倾倒区以及污染混合区。不同目的的站位设置时考虑其特殊要求，以便避开干扰。

（2）监测项目与监测频次

因监测对象不同，其监测频次、监测项目和监测时间均有所区别。

2. 潮间带生态监测

（1）监测断面布设的原则与方法

布设原则：选取人为影响小、具有代表性的地点；断面位置有陆上标志，走向与海岸垂直；力求包括不同的环境，如岩石、沙滩、泥沙滩、泥滩。

布设时按每一断面分潮带进行测点布设：高潮带布设2个测点站，中潮带布设3个测点站，低潮带布设1~2个测点站。

（2）监测内容与项目

监测内容包括潮间带生物、沉积物质量和水质。

潮间带生物监测项目：生物种类、群落结构、生物量及栖息密度。

沉积物质量监测项目：有机碳、石油类、硫化物和沉积物类型；还可以根据当地特点选测总汞、镉、铅、砷、氧化还原电位。

水质监测项目：pH、盐度、溶解氧、石油类、营养盐等，选测化学需氧量、悬浮物。

（3）监测时间与频次

开展潮间带生态例行监测以前，应开展背景调查，综合调查拟监测断面春、夏、秋、冬四季潮间带生态背景情况。实际监测可选取其中的1个或2个季节进行，监测时间应在调查月的大潮汛期间。

3. 生物体污染物残留量监测

（1）监测断面布设原则与方法

在选定生物体污染物残留量监测站位时应考虑该站位能否反映监测海域生物体受污染物影响的累计状况，能否代表潮间带、潮下带和近岸海区等不同类型的生境，尽可能避开污染源。

（2）监测内容与项目

必测项目为总汞、镉、铅、砷、铜、锌、铬、石油烃；选测粪大肠菌群、多氯联苯、多环芳烃、麻痹性贝毒。

（3）监测时间与频次

在生物成熟期进行监测，每年监测一次。具体监测时间可以根据当地实际情况确定，一般选在 8 月—10 月进行，不同年份的采样时间要尽可能保持一致。

（三）近岸海域专题监测

1. 环境功能区环境质量监测

环境功能区环境质量监测是为了掌握近岸海域环境功能区的环境状况，对其进行达标评价与考核而开展的监测工作。

（1）站位布设

为了保证监测的代表性，要求每个功能区内均应设立监测站位，所涉站位应该覆盖所属功能区的全部区域。对内部有污染源的环境功能区，必须布设监测站位，而且至少有 1 个站位布设在排污口混合区的外边界上。面积较大的功能区的站位可以优化布设。

（2）监测内容

近岸海域环境功能区环境监测的内容包括海水水质和沉积物质量。

（3）监测时间与频率

一般安排在 3 月—5 月、7 月—10 月。最后一次监测外业工作应在 10 月底完成。

2. 海滨浴场水质监测

（1）断面设置方法

海滨浴场水质监测一般依据海滨浴场的长度确定监测断面数量。浴场长度在 2 000m 及以下的，在沐浴人群较集中的区域设 2 个监测断面；在 2 000m 以上、5 000m 以下的，设 3 个断面；5 000m 以上的，设 4 个断面。

根据浴场宽度确定每个监测断面的监测站位，监测站位均在沐浴人群集中区域布设。宽度在 250m 及以下的，设 1 个监测站位；在 250m 以上、500m 以下的，设 2 个监测站位；500m 以上的，设 3 个监测站位。

（2）监测项目

选择对沐浴人群健康有直接影响的水质指标作为海滨浴场水质监测项目。必测项目是水温、pH、石油类、粪大肠菌群、漂浮物质。同时可以根据海滨浴场所处海域水质状况、海滨浴场附近入海污染物排放情况，选取对沐浴人群健康产生不利影响的污染物作为选测项目。

（3）监测时间与频率

监测时间一般安排在每年的7月—9月，每周监测一次。各地可以根据当地的气象及浴场实际情况，适当延长或缩短监测时间和频率。

3. **陆域直排海污染源环境影响监测**

该专项监测主要针对沿岸海域有可能对海域环境造成重大生态影响的陆源污染物排放进行，不适合河口的环境影响监测。

（1）断面设置方法

在有可能影响的范围内设置监测站位。以排污口为放射中心，扇形布设，根据排污口的影响范围，一般不少于6个。

沉积物质量站位应从水质站位中选取，数量可少于水质站位，一般不少于3个。

海洋生物站位应从沉积物站位中选取，数量一般与沉积物质量站位数量相同。

应在附近海域布设1~2个对照站位。

在排污口附近区域布设1~2个潮间带生态监测断面，同时布设1个对照断面。若沿岸有重要功能湿地，应布设监测断面。

（2）监测内容与项目

陆域直排海污染源环境影响监测内容包括水质、沉积物质量、海洋生物、特征污染物及其生态毒理、潮间带生态和生物体污染物残留量等。

（3）监测时间与频率

水质监测一般每年开展1~2次，监测月份安排在3月—5月、8月—10月，监测的具体时间应尽量安排在低平潮时。

沉积物质量、海洋生物结合水质监测进行。

潮间带生物及生物体污染物残留量一年监测一次，监测月份一般为5月—10月。

4. **大型海岸工程环境影响监测**

（1）断面设置方法

站位选择要考虑延续性，如果监测范围内存在敏感区，如红树林、珊瑚区、产卵区、繁殖区、索饵区、洄游区，应适当增加监测站位。

水质：根据工程施工作业方式及工程使用功能，设置3~5个断面。以建设项目所处海域中心为主断面，在主断面两侧各设1~2个断面，每个断面设站不少于3个。站位间距应遵循由内向外、由密到疏的原则。

沉积物质量和海洋生物：可在每个水质断面中选取1~2个站位。

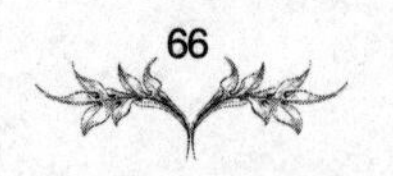

潮间带生态：在工程附近区域布设 1～2 个潮间带生态监测断面。若沿岸有重要功能的湿地，应布设断面。

（2）监测内容与项目

监测内容包括水质、沉积物质量、海洋生物、潮间带生态和生物体污染物残留量。重点监测对象是海洋生物，尤其是对重要生物资源的栖息地、产卵繁殖场所的海洋生物影响监测。

（3）监测时间与频率

在大型海岸工程开始施工前应进行环境质量本底调查。

工程施工期间或建成后，根据工程对海域的可能影响大小及海域环境功能区和敏感程度每年开展 1～3 次监测。

5. 赤潮多发区环境监测

主要针对近岸海域及沿岸养殖区等赤潮多发区、重要海产养殖区以及其他区域的环境监测。

（1）站位布设方法

尽量在被保护资源的附近区域，有水团代表性并设置相应对照点；

对照站位尽量设置在赤潮多发区的边界外侧；

在赤潮多发区设固定站位，其他区域随机设置站位；

监测站位尽量与例行监测站位一致。

（2）监测内容与项目

监测内容包括水文气象、水质及海洋生物。

必测项目：浮游植物的种类和数量、叶绿素 a、水温、气温、水色、透明度、风速、风向、盐度、pH、溶解氧、无机盐（硝酸盐氮、亚硝酸盐氮、氨氮）、非离子氨、活性磷酸盐、活性硅酸盐。

选测项目：流速、流向、铁、锰、总有机碳、浮游动物、麻痹性贝毒。

（3）监测方式

巡视性监测：在赤潮多发期对赤潮多发区和重点养殖区进行定期监测。

应急监测：对已确认赤潮发生的区域进行跟踪监测，掌握赤潮发生的动态及变化趋势，并对赤潮带来的损失及危害进行调查评估。

（4）监测时间与频率

监测时间一般根据赤潮发生的历史资料及实际赤潮发生的时间确定。

监测频次依据不同的监测方式有所不同。

巡视性监测原则上每 7 天进行一次。在赤潮发生的高危期，每 3 天进行一次；在养殖区域的赤潮高危期应每天进行一次监测。

应急监测视情况而定。原则上进行连续跟踪监测，每 2～4h 采样一次，直至赤潮消亡。如赤潮发生期较长，可适当延长间隔时间，但不少于 2 天一次。

（5）监测数据评价

水质评价指标一般包括 pH、溶解氧、无机氮、活性磷酸盐、化学需氧量、石油类、铜、汞、铅、镉、非离子氨等。评价方法采用单因子标准指数法，对照其中有关监测项目的控制限值。平均值和超标率以样品个数为计算单元；海水类别按站位各指标的平均值计算，级别最高的污染物的级别为海水水质级别。海水类别比例按面积计算。

功能区水质评价指标为 pH、溶解氧、无机氮、活性磷酸盐、化学需氧量、石油类，采用单因子标准指数法进行评价，以监测站位的任一项评价指标的平均值与水质保护目标所对应的标准值比较，超过此限值即为不达标。

海洋生物的评价指标为浮游植物、浮游生物、底栖生物与潮间带生物多样性状况，采用香农-维纳生物多样性指数评价海洋生物生境质量等级。

五、声环境质量监测

我国目前开展的噪声监测主要包括环境质量的区域声环境质量监测、道路交通声环境质量监测和功能区声环境质量监测三大类，以及污染源周边环境声环境质量监测、振动监测。

设立声环境质量监测点位的目的就是掌握各类声环境质量现状和变化趋势，了解各类噪声源对周围声环境质量的影响程度，为有效减轻噪声污染提供技术依据。

（一）监测点位的布设与网络建设

1. 点位设置方法

区域声环境质量监测点的布设方法：一般是将整个城市区域划分成若干个等面积的正方形网格，在网格中心开展监测工作，有效网格数量不得少于 100 个。

2. 网络建设情况

目前，我国陆续建成了区域声环境质量监测网、城市道路交通噪声监测网和功能区声环境质量监测网。

（二）噪声监测的内容与评价

1. 监测内容

目前，我国开展的噪声监测主要是城市区域声环境质量监测、道路交通声环境质量监测、功能区声环境质量监测。同时也对敏感点开展振动监测等其他噪声监测。

（1）区域声环境质量监测

主要目的是评价整个城市环境噪声的总体水平，分析整个城市声环境的年度变化规律和变化趋势。分为昼间监测和夜间监测两大类。

昼间噪声每年监测一次，夜间噪声每5年监测一次。一般安排在春季或秋季，避开节假日和非正常工作时间，时间相对固定，每次监测10min。

（2）道路交通声环境质量监测

目的主要是反映道路交通噪声源的噪声强度，分析道路交通噪声声级与车流量、路况等的关系及变化规律，分析城市道路交通噪声年度变化规律与变化趋势。

昼间噪声每年监测一次，夜间噪声每5年监测一次。一般安排在春季或秋季，时间固定，避开节假日和非正常工作时间，每次监测20min。

（3）功能区声环境质量监测

声环境功能区监测的目的是评价不同声环境功能区昼间、夜间的声环境质量的达标情况，了解功能区环境噪声的时空分布特征。

每季度开展一次功能区声环境质量监测，每次至少开展一次昼夜24h的连续监测。

（4）振动监测

主要对区域敏感点环境振动开展测量，或是监测振动源对其边界环境的影响，即振动源环境振动。使用具有统计分析功能的振动监测仪器测量振动。

2. 评价方法

依据相关标准，判断各城市的昼间、夜间声环境质量是否达标，并划分出城市声环境质量等级。一般分为“好”“较好”“一般”“较差”和“差”五个等级。

六、土壤环境质量监测

土壤环境质量监测是指对土壤中金属、有机污染物、农药与病原菌等的来源和污染水平及积累、转移或降解途径开展的监测活动。

土壤监测的目的是了解土壤是否受到污染，受污染的程度，污染类型，分析土壤污染与粮食污染、地下水污染、人类健康的关系。土壤污染监测结果对掌握土壤质量状况，实施土壤污染控制防治途径和质量管理有重要意义。

现在主要开展土壤环境质量监测、区域土壤背景值调查、土壤污染事故调查和对污染土地的动态观测。

（一）布点方法

1. 土壤环境质量布点方法

土壤布点的一般方法有三大类：简单随机、分块随机、系统随机。

2. 建设项目布点方法

每 100hm^2占地不少于 5 个且总数不少于 5 个采样点。其中小型建设项目设 1 个柱状采样点，大中型建设项目不少于 3 个柱状采样点，特大型建设项目或对土壤环境影响敏感的建设项目不少于 5 个柱状采样点。

（二）监测内容

1. 监测项目与频次

土壤监测项目分常规项目、特定项目和选测项目；监测频次与其相应。

目前，结合我国土壤监测能力与土壤污染的特点，在全国范围内每年选取不同的监测对象，如工业企业周边、基本农田、农村居住地、蔬菜基地等开展土壤环境质量监测。监测的主要项目包含土壤中的部分理化指标、无机物和有机物等，主要监测指标包括理化指标中的土壤 pH、阳离子交换量；无机物主要监测镉、汞、砷、铜、铅、铬、锌、镍、硒、钴等元素的含量；有机物则根据当地施用农药种类，监测 3~5 种主要有机氯农药、苯并［*a*］芘。

每年的监测时间一般安排在 1 月—8 月，避免在施用农药、化肥后立即采样。

2. 分析与评价

土壤环境质量评价标准常采用国家土壤环境质量标准、区域土壤背景值或部门（专业）土壤质量标准。评价模式常用污染指数法或者与其有关的评价方法。

土壤环境质量评价一般以单项污染指数为主，指数小污染轻，指数大污染则重。当区域内土壤环境质量作为一个整体与外区域进行比较或与历史资料进行比较时除用单项污染指数外，还常用综合污染指数、内梅罗污染指数。

（三）土壤样品的保存

土壤样品含有丰富的环境特征信息，对于掌握不同历史阶段土壤环境状况及其变化趋势有着不可替代的作用，对于我国的土壤环境保护具有重要意义。

土壤样品信息数据库系统的启用，实现了对土壤样品采集点信息、土壤样品存储位置信息的规范化管理，能够通过查询不同行政区、不同土地利用类型以及样品条码等多种途径方便快捷地获取土壤样品信息，为更好地管理和利用这批十分珍贵的国家级土壤样品奠定了良好的工作基础。

七、辐射环境质量监测

我国的辐射环境监测始于20世纪50年代核工业建立初期，当时主要由核设施运营者自行监测，监测范围局限于核设施周围地区。经过几十年的不懈努力，我国辐射环境监测工作从无到有、从弱到强、从局部到全国，得到了比较全面的发展。

（一）辐射监测点位的布设

辐射包括电离辐射和电磁辐射。电离辐射主要包括核设施、核技术利用、铀（钍）矿和伴生放射性矿开发利用产生的辐射；电磁辐射主要包括信息传递中的电磁波发射，工业、科研、医疗等活动中使用电磁辐射设施和设备产生的电磁辐射。

1. 电离环境质量监测点位的布设原则

①陆地γ辐射监测点应相对固定，连续监测点可设置在空气采样点处。

②空气（气溶胶、沉降物、氚）的采样点要选择在周围没有树木、没有建筑物影响的开阔地，或没有高大建筑物影响的建筑物的无遮盖平台上。

③尽量考虑国控（省控）监测点；饮用水在城市自来水管末端和部分使用中的深井设饮用水监测采样点；海水在近海海域设置海水监测采样点。

④土壤监测点应相对固定，设置在无水土流失的原野或田间。

⑤陆生生物样品采集区和样品种类应相对固定。采集的谷类和蔬菜样品均应选择当地居民摄入量较多且种植面积大的种类；牧草样品应选择当地有代表性的种类；采集的牛（羊）奶均应选择当地饲料饲养的奶牛（羊）所产的奶汁。

⑥水生生物监测采样点应尽量和地表水、海水的监测采样区域一致。

2. 电离辐射污染源监测点位的布设原则

①凡是不能被国家法规所豁免的辐射源，应按法规要求进行适当和必要的流出物监测

和环境监测；

②流出物监测和环境监测内容，应视伴有辐射设施的类型、规模、环境特征等因素的不同而不同；

③在制订流出物监测和环境监测方案时，应根据辐射防护最优化原则和辐射环境污染源的具体特征有针对性地进行优化设计，并随着时间的推移，在经验反馈的基础上进行相应的改进；

④凡是有多个污染源的伴有辐射设施应遵循统一管理和统一规划的原则。

3. 电磁辐射的布点方法

(1) 典型辐射体环境测量布点

对典型辐射体周围环境进行辐射测量时，应该以辐射体为中心，在一定间隔方位的延长线上，选取距辐射体中心不同距离的点作为测量点，起始点的距离和测量点的距离间隔根据实际情况确定。通常，电视发射塔的起始点距离为 30m，移动通信基站的起始点距离为 15m（应包括人可达的最高点），其他典型辐射体的起始点距离根据本条原则确定。对于环境敏感建筑物应在阳台或窗口处选点测量。

(2) 一般环境测量布点

对整个城市电磁辐射测量时，根据城市测绘地图，将全区划分为（1×1）km^2或（2×2）km^2小方格，取方格中心为测量位置。

按上述方法在地图上布点后，应对实际测量点进行考察。考虑地形地物影响，实际测量点应避开高层建筑物、树木、高压线以及金属结构等，尽量选空旷地方监测。

（二）电离辐射监测

1. 电离辐射监测分类

电离辐射环境监测是指在辐射源所在场所的边界以外环境中进行的辐射监测。

根据监测任务、目的、阶段等的不同，电离辐射监测可以有若干个分类方法：

①从管理角度看，可以分为监督性环境监测和排污（运营）单位的监测。

②从设施（或活动）运行状态看，可以分为正常状态环境监测和事故应急监测。

③从运行阶段看，可以分为运行前辐射环境调查（或称辐射本底调查）、运行期间的辐射环境监测（或称为常规监测）、运行后辐射环境监测（或称为退役辐射环境监测）。

④按照监测对象的不同，可以分为环境监测、个人剂量监测、源项监测（工作场所监测和流出物监测）。

个人剂量监测是对个人实际所受剂量大小所做的监测，它包括个人外照射监测、皮肤污染监测和体内污染监测。个人剂量监测主要用于评估职业照射。

2. 辐射环境监测

（1）电离辐射监测的内容

电离辐射监测的主要工作内容包括电离辐射的质量现状监测，评价设施运行释放到环境中的放射性物质或辐射对人产生的实际或潜在的照射水平，核准排污单位的排放量，监视和评价其长期趋势；收集设施运行状态与污染物进入环境的历程，产生的辐射环境水平等因素之间的相关性资料；证明排污单位向环境释放的量符合相关法律法规以及标准等要求；出现异常释放或发生事故时，能迅速响应，通过监测为后果评价和应急决策提供依据。

（2）辐射监测内容

辐射环境质量监测的内容，因监测对象的类型、规模、环境特征等因素的不同而变化；在进行辐射环境质量监测方案设计时，应根据辐射防护最优化原则，进行优化设计，随着时间的推移和经验的积累，可进行相应的改进。

3. 电离辐射监测项目与监测频次

一般开展空气、水体及水生物、土壤及沉淀物、动植物及其产品等辐射监测，监测内容与频次与监测介质有关。

八、生态监测

生态监测是以生态学原理为理论基础，运用可比的和较成熟的方法，在时间和空间上对特定区域范围内生态系统和生态系统组合体的类型、结构和功能及其组合要素进行系统的测定。生态监测为评价和预测人类活动对生态系统的影响，为合理利用资源、改善生态环境提供决策依据。

基本任务是对生态系统现状以及因人类活动所引起的重要生态问题进行动态监测；对破坏的生态系统在人类的治理过程中生态平衡恢复过程的监测；通过监测数据的集积，研究上述各种生态问题的变化规律及发展趋势，建立数学模型，为预测预报和影响评价打下基础；支持国际上一些重要的生态研究及监测计划，如 GEMS（全球环境监测系统）、MAB（人与生物圈）等，加入国际生态监测网络。

生态监测具有综合性、长期性、复杂性、分散性的特点。

第三节　污染源监测管理

一、污染源监测概述

对一切向环境中排放有毒有害物质的单位开展的监测活动，就是污染源监测。污染源监测的目的就是对各类污染源排放的现状进行监测；对污染治理设施的治理效果进行监视，掌握企业的污染物排放的总量；对企业周围环境产生的影响进行监测；对企业安装的在线监测设施的运行情况进行比对，为核定总量减排任务完成情况，核定排污费额度提供依据。

这里的排放污染单位包括工业企业、机关事业单位、学校、医院、餐饮娱乐、居民小区等，涉及社会生活的方方面面。

污染源监测根据承担监测活动的主体不同，可分为监督性监测和企业自行监测。目前按照环境保护主管部门对企业监管的内容不同，可以分为竣工环保验收监测、排污许可监测、总量减排监测等。

（一）污染源监测分类

污染源监测主要分为企业自行监测和环境保护主管部门组织的监督性监测两大类。

企业自行监测主要是指企业按照环境保护法律法规的要求，为掌握本单位的污染物排放状况及其对周边环境质量的影响等情况，组织开展的环境监测活动。即企业自主开展的监测活动。目前主要针对污染物排放量占工业排放量65%以上的废水、废气企业及重金属等国家重点监控企业开展自行监测。

污染源的监督性监测，是政府为监督排污企业的污染物排污状况组织开展的环境监测活动。

（二）污染源监测中的职责分工

1. 环保行政主管部门的职责

主要履行组织监督管理工作，其主要职责是：组织编制污染源年度监测计划，开展排污单位的排污申报登记，组织对污染源进行监督监测，发布本辖区污染源排污状况报告。

2. 各级环境保护局所属环境监测站职责

具体负责对污染源排污状况进行监督性监测，其主要职责是：具体实施对本地区污染源排污状况的监督性监测，建立污染源排污监测档案，组建污染源监测网络。对排污单位的申报监测结果进行抽测，对排污单位安装的连续自动监测仪器进行质量控制。开展污染事故应急监测与污染纠纷仲裁监测，参加本地区重大污染事故调查。向主管环境保护局报告污染源监督监测、比对监测结果，提交排污单位经审核合格后的监测数据，供环境保护局作为执法管理的依据。承担主管环境保护局和上级环境保护局下达的污染源监督监测任务，为环境管理提供技术支持。

3. 行业主管部门设置的污染源监测机构职责

负责对本部门所属污染源实施监测，行使本部门所赋予的监督权力。其主要职责是：对本部门所辖排污单位排放污染物状况和防治污染设施运行情况进行监测，建立污染源档案。参加本部门重大污染事故调查。对本部门所属企业单位的监测站（化验室）进行技术指导、专业培训和业务考核。

4. 排污单位的检测机构

负责对本单位排放污染物状况和防治污染设施运行情况进行定期监测，建立污染源档案，对污染源监测结果负责，并按规定向当地环境保护局报告排污情况。

5. 其他检测机构

接受企业委托，按照监测技术规范要求，对委托方的污染物排放状况开展定期监测，对污染源监测结果负责。

二、企业自行监测与信息公开

这里的企业一般是指国家重点监控企业，以及纳入各地年度减排计划且向水体集中直接排放污水的规模化畜禽养殖场（小区）。其他企业可以参照执行，地方政府也可根据当地的经济发展状况和发展特点，对辖区内的非重点企业提出自行监测的要求。

（一）自行监测

1. 企业开展自行监测的类型

企业自行监测分为自承担监测和委托监测两种类型。

自承担监测是指企业本身具备开展污染物监测的人员、场地、仪器设备，并有相关经费，自行开展的监测。

委托监测是当企业本身不具备相关的条件和能力时，委托其他监（检）测机构，代其开展的自行监测。

委托其他监（检）测机构可以是经省级环境保护主管部门认定的社会检测机构，也可以是未承担该国控企业监督性监测的环境保护主管部门所属环境监测机构代其开展自行监测。承担监督性监测任务的环境保护主管部门所属环境监测机构不得承担所监督企业的自行监测委托业务。但是无论采取什么方式开展自行监测，作为自行监测和信息公开的主体，企业都对监测结果负责。

2. 自行监测的内容

主要包括污染物排放监测，以及对周围环境质量影响的监测两部分。

污染物排放监测主要包括水污染物排放监测、大气污染物排放监测和厂界噪声监测。

周围环境影响监测是根据环境影响评价报告书（表）及其批复要求，开展企业周边环境质量监测。主要是周边空气质量监测、排污口上下游水质监测、周边土壤环境质量监测、地下水质量监测和噪声监测。

企业要按照所执行的国家或地方污染物排放（控制）标准，结合本企业的排污特点、排放污染物的种类、环评报告及批复确定监测项目。

企业应当按照环境监测管理规定和技术规范的要求，设计、建设、维护污染物排放口和监测点位，并安装统一的标识牌，保证排污口规范化，保证监测点位的代表性。

3. 自行监测方案与年度报告

（1）监测方案

企业在开展自行监测时，应当按照国家或地方污染物排放（控制）标准、环境影响评价报告书（表）及其批复、环境监测技术规范的要求，制订自行监测方案。

自行监测方案的内容应包括企业的基本情况、监测点位、监测频次、监测指标、执行排放标准及其限值、监测方法和仪器、监测质量控制、监测点位示意图、监测结果公开时限等。

自行监测方案及其调整、变化情况应及时向社会公开，并报地市级环境保护主管部门备案。其中装机总容量 30 万 kW 以上火电厂应向省级环境保护主管部门备案。

（2）年度报告

每年 1 月底前应向负责备案的环境保护主管部门报送企业自行监测年度报告。年度报告主要包括：第一，监测方案是否做了调整，发生变化的要做出说明；第二，全年生产天数、监测天数，各监测点、各监测指标全年监测次数、达标次数、超标情况；第三，全年废水、废气污染物排放量；第四，固体废弃物的类型、产生数量和处置方式、数量以及去向；第五，按要求开展的周边环境质量影响状况监测结果。

4. 自行监测的监测方式

企业开展自行监测可以采用手工监测、自动监测或者手工监测与自动监测相结合的技术手段。环境保护主管部门对监测指标有自动监测要求的，企业应当安装相应的自动监测设备。

无论采用何种方式开展自行监测活动，选用的监测方法应该遵守国家环境监测技术规范和方法。国家环境监测技术规范和方法中未做规定的，可以采用国际标准和国外先进标准。

5. 监测频次

采用自动监测的，全天连续监测。采用手工监测的，根据废水和废气中污染物不同，监测方法不同，相应的监测频次也不同：化学需氧量、氨氮每日开展监测；废水中其他污染物每月至少开展一次监测；二氧化硫、氮氧化物每周至少开展一次监测，颗粒物每月至少开展一次监测，废气中其他污染物每季度至少开展一次监测；纳入年度减排计划且向水体集中直接排放污水的规模化畜禽养殖场（小区），每月至少开展一次监测；厂界噪声每季度至少开展一次监测；重金属污染物排放企业每日至少开展一次监测；企业周边环境质量监测，按照环境影响评价报告书（表）及其批复要求的频次执行。

当国家或地方发布的规范性文件、规划、标准中对监测指标的监测频次有明确规定的，按有关规定执行。

6. 开展自行监测应具备的条件

（1）以手工监测方式开展自行监测

以手工监测方式开展自行监测的，应当具备以下五个条件：第一，具有固定的工作场所和必要的工作条件；第二，具有与监测本单位排放污染物相适应的采样、分析等专业设备、设施；第三，具有两名以上持有省级环境保护主管部门组织培训的、与监测事项相符的培训证书的人员；第四，具有健全的环境监测工作和质量管理制度；第五，符合环境保护主管部门规定的其他条件。

（2）以自动监测方式开展自行监测

以自动监测方式开展自行监测的，应当具备以下四个条件：第一，按照环境监测技术规范和自动监控技术规范的要求安装自动监测设备，与环境保护主管部门联网，并通过环境保护主管部门验收；第二，具有二名以上持有省级环境保护主管部门颁发的污染源自动监测数据有效性审核培训证书的人员，对自动监测设备进行日常运行维护；第三，具有健全的自动监测设备运行管理工作和质量管理制度；第四，符合环境保护主管部门规定的其他条件。

（二）信息公开

企业应定期将自行监测工作开展情况以及监测结果向社会公众公开，并对公开内容的真实性和准确性负责。

1. 公开的内容

公开的内容主要包括：第一，基础信息：企业名称、法人代表、所属行业、地理位置、生产周期、联系方式、委托监测机构名称等；第二，自行监测方案；第三，自行监测结果：全部监测点位、监测时间、污染物种类及浓度、标准限值、达标情况、超标倍数、污染物排放方式及排放去向；第四，未开展自行监测的原因；第五，污染源监测年度报告。

2. 公开的方式

公开的目的主要是便于社会公众获取。

企业应当在省级或地市级环境保护主管部门统一组织建立的公布平台上公开自行监测信息，并至少保存一年。同时可通过对外网站、报纸、广播、电视、厂区外电子屏幕等其他便于公众知晓的方式公开自行监测信息。

3. 公开时限

根据公布的内容和采取的监测技术手段不同，规定了相应的公开时限。

第一，企业的基础信息应随监测数据一并公布。基础信息、自行监测方案如有调整变化时，应于变更后的 5 日内公布最新内容。

第二，手工监测数据应于每次监测完成后的次日公布。

第三，自动监测数据应实时公布监测结果，其中废水自动监测设备为每 2h 均值，废气自动监测设备为每 1h 均值。

第四，每年 1 月底前公布上年度自行监测年度报告。

三、污染源监督性监测

污染源监督性监测是指环境保护主管部门为监督排污单位的污染物排放状况和自行监测工作开展情况组织开展的环境监测活动。

污染源监督性监测数据是开展环境执法和环境管理的重要依据。

（一）重点污染源的确定方法

重点污染源是指主要污染物工业排放负荷65%以上的工业污染源和城镇污水处理厂。重点调查单位的筛选工作应在排污申报登记数据变化的基础上逐年进行。国家对重点污染源实行动态管理，每年进行调整。国控重点污染源名单由国务院环境保护主管部门公布，省控重点污染源由各地环保部门公布。

（二）管理部门、监测部门和排污单位承担的职责

1. 环境行政主管部门的职责

对监督性监测及信息公开活动实施统一组织、协调、指导、监督和考核；将监督性监测工作纳入环境保护规划，组织编制污染源监督性监测工作计划和专项计划；及时发布年度实施监督性监测企业名单；提供必要的监测经费和监测手段。

2. 环境监测机构承担的职责

①具体实施对本地区污染源排污状况的监督性监测，建立污染源排污监测档案，编制监测报告。

②组建污染源监测网络，承担污染源监测网的技术中心、数据中心和网络中心，并负责对监测网的日常管理和技术交流。

③对排污单位的申报监测结果进行审核，对有异议的数据进行抽测，对排污单位安装的连续自动监测仪器进行质量控制。

④向主管环境保护局报告污染源监督监测结果，提交排污单位经审核合格后的监测数据，供环境保护局作为执法管理的依据。

⑤承担主管环境保护局和上级环境保护局下达的污染源监督监测任务，为环境管理提供技术支持。

⑥为被监测单位保守商业秘密和技术秘密。

3. 企业的职责

为污染源的监督性监测提供必要的监测条件：提供企业的基本情况、自行监测的方案和监测结果，排污口和采样平台应符合监测技术规范要求，保证监测时生产工况满足监测的要求。

（三）监测系统的分工

省级监测站：承担装机总容量 30 万 kW 以上的火电厂的污染源监督性监测工作和自动在线设备的比对监测工作。

地级市监测站：除装机总容量 30 万 kW 以上的火电厂以外的国控、省控重点污染源，以及涉重金属企业、城镇污水处理厂的污染源监督性监测工作和自动在线设备的比对监测工作。

县级监测站：负责本县域内非国控、省控企业的监测。

（四）监测的工作内容

1. 主要监测内容

污染源监督性监测主要对排污单位的废水、废气污染物排放浓度及流量，废气无组织排放浓度开展定期监测。

涉重金属企业应按照排放标准的规定监测重金属排放企业车间废气和废水排口（或车间处理设施排放口）的重金属浓度，以及企业总排口、雨水排放口排放的重金属。

对已通过环保部门验收的污染源自动监测设备，在污染物排放状况监督性监测同时开展比对监测。

2. 监测项目的确定原则

（1）废水监测项目

废水监测项目均包括废水流量。对污水处理厂以及 COD、氨氮总量减排重点环保工程及纳入年度减排计划的重点项目，要同时监测 COD、氨氮的去除效率。

（2）废气监测项目

废气监测项目均包括流量。对二氧化硫、氮氧化物总量减排重点环保工程设施，要同时监测二氧化硫、氮氧化物的去除效率。

3. 监测频次

涉重金属企业至少要每两个月开展一次监督性监测；化学需氧量、氨氮、二氧化硫和氮氧化物等主要污染物排放监测每季度 1 次；季节性生产企业生产期间的主要污染物每月监测 1 次，其他监测项目原则上每半年监测 1 次。存在超标现象的，应加强监督性监测，适当增加监测频次。

第四节　环境污染事故应急监测管理

应急监测一般是指突发环境事件发生后，对污染物、污染物浓度和污染范围进行的监测。具体来讲，就是根据突发环境事件污染物的扩散速度和事件发生地的气象和地域特点，确定污染物扩散范围；根据监测结果，综合分析突发环境事件污染变化趋势，并通过专家咨询和讨论的方式，预测并报告突发环境事件的发展情况和污染物的变化情况，作为突发环境事件应急决策的依据。

开展环境污染事故应急监测的目的就是对突发环境事件的污染源、污染浓度、范围、性质及扩散模式等开展初步分析、获得信息和数据，及时反映污染事故的发展事态，为环境应急指挥和决策提供科学依据，为实验室的监测分析提供第一手资料。通过现场检测为事故的处理提供必要的监测数据，为事故的评估提供必要的资料。

一、污染事故分级管理

按照突发事件的严重性、紧急程度和发展态势，突发环境事件的预警级别一般分为四级：Ⅰ级（特别重大环境事件）、Ⅱ级（重大环境事件）、Ⅲ级（较大环境事件）和Ⅳ级(一般环境事件)。

二、污染事故应急处置职责分工

（一）环保行政主管部门的职责

①通知相关部门履行法律责任的统一监管的职责。

②向本级人民政府和上级环保部门报告的职责。

③开展环境应急监测工作的职责。

④向毗邻地区环保部门通报的职责。

⑤接到事发地环保部门突发环境污染事件通报后向人民政府报告的职责。

⑥适时向社会公布突发环境污染事件信息的职责。

⑦协助政府做好应急处置各项工作的职责。

⑧对突发环境污染事件进行调查处理工作的职责。

⑨协调处理污染损害赔偿纠纷的职责。

⑩负责突发环境污染事件应急预案审核的职责。

（二）环境监测部门的职责

①编制方案，设置点位，开展监测，掌握污染物的浓度、污染程度、影响范围。

②分析数据，寻找扩散的规律。随时掌握并报告事态的进展情况和污染物的变化情况，为突发环境污染事件应急决策提供依据。

③编制报告。

④对处置结果开展跟踪监测，评价事故处置的效果。

⑤开展日常监测数据分析，发现隐患，及早处置。

三、污染事故应急监测工作程序

按照“事前预防，应急准备，应急响应，事后管理”环境污染事故应急管理原则，环境应急监测活动包括应急监测的前期准备、应急监测、事后跟踪调查等过程。

环境应急监测原则是属地监测为主，按照污染事故的级别启动相应的环境污染事故应急监测程序。当污染事故较大，监测力量不足时，应及时向上级环保部门和有关部门的监测机构提出救援请求。

监测部门接到当地环保行政主管部门负责应急事故处置的应急指挥部的指令，按照污染事故的级别启动污染事故应急监测预案，组成现场应急监测组奔赴事故现场；开展初步调查，根据调查结果制订应急监测方案；按照专家组审定的监测方案开展应急监测，汇总数据，编制应急监测报告，上报事故应急指挥部；根据事故处置结果和监测结果，根据应急指挥部的指令终止应急监测工作；应急状态结束后，开展跟踪监测，直至各种处置措施结束为止。

应急监测任务由环保主管部门下达。任务下达内容主要包括污染事故发生的时间、地点、污染类型、程度、污染事故原因及概况等信息。监测部门接受任务后，应做好接报记录，立即启动应急监测预案，并根据污染事故的相关信息，开展相应的应急监测准备工作。

应急监测的组织框架主要包括现场监测组、分析测试组、报告编写组、协调保障组、技术专家组。

当监测数据显示目前的污染物浓度水平已经达标，恢复到正常水平，并呈现稳定趋势后，由监测部门将监测结果报送环保主管部门，申请终止本次应急监测工作。环保主管部门根据监测结果表明本次污染事故已得到有效控制，各项污染物指标已经达标，宣布本次应急监测工作终止。

四、污染事故应急监测工作内容

应急监测工作主要包含以下工作内容：

（一）应急准备

这项工作应该是平时完成的，主要是形成监测能力，建立有效的响应机制，准备充足的物资，做好应对的各项准备工作。包括制订应急监测预案，组建应急监测队伍，建立应急监测响应机制，执行应急监测值班制度，以及应急监测仪器设备与防护物资的准备与维护，人员培训，开展应急演练，建设应急监测相应体系（危险品库、专家库、污染源分布、地理信息系统、应急监测网络、应急监测科研、应急监测培训）。

（二）现场应急监测

根据污染事故的级别、污染源的特点、事故周围的环境，制订应急监测方案，确定监测项目和监测频次，设定监测点位，采用自动监测手段，判断污染物的浓度、范围、扩散规律。并通过实验室分析确定精确的浓度和扩散范围，分析监测数据，寻找规律，编制报告，向应急事故领导小组报告，为正确处置事故提供科学依据。

1. 制订应急监测方案

应急监测方案包括确定监测项目、监测范围、布设监测点位、监测频次、现场采样、现场与实验室分析、监测过程质量控制、监测数据整理分析、监测过程总结等，并根据处置情况适时调整应急监测方案。

2. 确定监测项目

确定监测项目是应急监测中的技术关键，对突发环境污染事件控制和处理处置有举足轻重的作用。对于已知固定污染源，可以从厂级的应急预案中获得各种污染物信息，如原料、中间体、产品中可能产生污染的物质来确定监测项目；对已知流动源污染，可以从移动载体泄漏物中获得可能产生的污染物信息来确定监测项目；对于未知源污染，监测项目的确定须从事故的现场特征入手，结合事故周边的社会、人文、地理及可能产生污染的企事业单位的情况，进行综合分析来确定监测项目。必要时须咨询专家意见。

3. 确定监测范围和布点

监测范围确定的原则是以突发环境污染事故发生地及其附近区域为主，以最少的监测断面获取足够多的有代表性的信息，还要考虑采样的可行性和方便性。

一般是根据事发时污染物的特性、泄漏量、泄漏方式、迁移和转化规律、传播载体、气象、地形等条件确定突发环境污染事件的污染范围。在监测能力有限的情况下，按照人群密度大和影响人口多优先、环境敏感点或生态脆弱点优先、社会关注点优先、损失额度大优先的原则，确定监测范围。如果突发环境污染事件有衍生影响，则距离突发污染事故发生时间越长，监测范围越大。

应急监测阶段采样点的设置一般以突发环境污染事件发生地点为中心或源头，结合气象和水文等地形条件，在其扩散方向合理布点，其中环境敏感点、生态脆弱点、饮用水水源地和社会关注点应有采样点。应急监测不但应对突发环境污染事件污染的区域进行采样，同时也应在不会被污染的区域布设对照点作为环境背景参照，在尚未受到污染的区域布设控制点位，对污染带的移动过程形成动态监测。

4. 现场采样与监测

现场采样应制订计划，采样人员必须是专业人员。采样量应同时满足快速监测和实验室监测需要。距离突发环境污染事件发生时间越短，采样频次应越高。如果突发环境污染事件有衍生影响，则采样频次应根据水文和气象条件变化与迁移状况形成规律，以增加样品随时空变化的代表性。现场采样方法及采样量、现场监测仪器和分析方法可参照相应的监测技术规范和有关标准，并做好质量控制和保证及记录工作。监测数据的整理分析应本着及时、快速报送的原则，以电话、传真、监测快报等形式立即上报给现场指挥部和当地环境保护行政主管部门，重大和特大突发环境污染事件还应上报有关部门。

（三）跟踪监测

即为掌握污染程度、范围及变化趋势，在突发环境事故应急监测状态终止后所进行的监测活动，直至地表水、地下水、大气和土壤环境恢复正常或达标。

五、污染事故应急监测报告

分为应急监测快报和应急监测报告两种。

（一）应急监测快报

1. 基本原则

及时、快速报送。

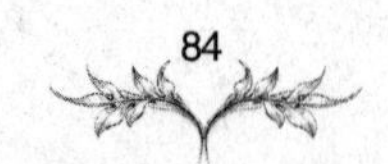

2. 报告的主要内容

主要包括标题（须注明报告的期数），监测工作情况简介，监测内容（包括监测布点、监测频次、监测项目、监测点位、断面示意图、监测仪器与分析方法等），监测结果（可定性、定量、半定量表示），监测结论及评价，应急处理处置建议，监测单位等。

3. 报送范围

一般报送给当地环境保护主管部门及任务下达单位，重大的和突发性环境事件应急监测快报还要报送上一级环境监测部门。

（二）应急监测报告

1. 基本原则

及时、快速报送。

2. 报告的主要内容

包括标题名称、任务来源及污染事故情况概述（应包括事故发生的时间、地点、发生原因、污染来源、主要污染物、污染范围、周围敏感点、必要的水文气象参数等）、监测内容（主要包括监测点位布设、采样频次与方法、监测项目、监测断面、点位示意图、评价标准、使用的仪器设备与方法等）、质量保证措施、监测结果（监测结论与评价）等，以及应急处理处置建议、应急监测终止、监测单位名称、报告编号、三级审核、计量认证标志。

（三）报送

按照当地突发环境事件应急监测预案要求报送。一般要上报到当地环境保护主管部门，重大的和突发性环境事件应急监测报告还要报送上一级环境监测部门。

六、质量保证与安全防护

（一）质量保证

应急监测的质量保证工作是应急环境质量监测的重要组成部分，是对整个应急监测全过程的质量管理，是保证应急监测数据准确、可靠、快速的全部活动。应急监测的质量保证体系主要包括组织构架、应急预案制订与演练、应急值班制度等规章制度的建立、应急设备的检定、人员培训、监测方法的选取、监测方案制订、现场采样与记录、样品保存与实验室分析、量值溯源、试剂与耗材说明，及应急监测报告的编写。

①分析人员要熟悉分析方法，熟练操作仪器设备，并持证上岗；

②所用仪器设备按照有关规定定期检定，并在有效期内开展核查，维护保养，使仪器运转正常稳定；

③实验室环境、实验用试剂都符合有关规定；

④严格执行有关实验室质量保证与质量控制的措施和要求；

⑤原始记录准确、完整、保存得当；

⑥有专人从事质量控制，审核数据。

（二）安全防护

进入突发环境污染事故现场的应急监测人员一定要做好个人安全防护，确保人身安全，采样和分析环节尤其是安全防护的重点。

①熟悉现场，确认现场安全，佩戴必要的防护设备，如防护服、防毒呼吸器等。进入事故现场进行采样监测工作，必须经过现场指挥或警戒人员的许可，不得擅自开展现场监测工作；

②必须两人同行；

③进入易燃易爆事故现场的应急监测车辆应有防火防爆安全装置，使用防爆的现场监测仪器设备，包括辅助的电源等；或在确认安全的情况下使用监测仪器设备；

④进入水体或高空采样时，要穿戴救生衣或佩戴安全防护带（绳）。

第五节　环境预警监测管理

一、体系建设的要求

建立先进的环境监测预警体系要求做到数据准确、代表性强，方法科学、传输及时；做到全面反映环境质量状况和变化趋势，及时跟踪污染源污染物排放的变化情况，准确预警和及时响应各类环境突发事件，满足环境管理需要。

二、体系建设的目的与意义

环境预警监测中，即时监测的能力是必要的；同样，全面准确的反应也是必要的。只有对环境中发现的问题快速、全面地做出反应，准确、及时地进行反馈，才能帮助监测人员迅速掌握信息，做出准确判断，提出正确的应对措施，从而尽可能快地解决问题，减轻对环境造成的伤害，减少对人民群众和经济社会造成的损失。

环境监测预警是环境管理职责最基础、最基本的支撑力量。准确可靠的环境监测预警数据、信息，是政府制定法律法规、条例制度、政策标准、规划计划和综合决策的依据，是科学执法的基础，是政府及时有效处置突发环境事件的保证。没有科学的环境监测数据就难以正确判定当前复杂的环境形势，从而导致管理和决策失误，使经济建设和社会发展误入歧途；没有及时有效的预警监测，出现突发污染事件时就会措手不及、处置不当，给人民群众的生命健康安全、经济生活运行以及社会安定和环境安全带来严重的威胁和损害。

建设环境监测预警体系的目的是构建先进的环境预警监测体系。统筹先进的科研、技术、仪器和设备优势，充分利用全天候、多区域、多门类、多层次的监测手段，依托先进的网络通信资源和计算机技术，发现环境质量变化趋势，跟踪污染源污染物排放，及时响应并开展突发环境污染事件应急监测，尽可能地准确预警各类潜在的环境问题，及时发布信息，实施联动的预警响应对策。

三、预警体系的组成

先进的环境监测预警体系，特征是“先进”，核心是“预警”。预警体系是由风险知识、监测与预报服务、警情发布、通信和响应能力四部分组成。环境监测预警体系要做到“全面预防，及早发现，及时应对”。

环境监测预警体系的主要功能是在日常环境管理中进行污染控制，降低发生环境风险的概率；当发生环境风险事故时能够及时应对，降低事故给环境和人体造成的危害。

四、国内外空气质量预报模式发展

近几十年来，由于计算机技术的高速发展，数学方法应用和发展较为迅速，空气质量模拟与预报模式进展速度很快。最初的模型只能对局地范围内对流层空气中的少数污染物进行单独预报，而目前空气质量预报模式在空间范围以及污染物种类上都有显著增加，空间范围由局地尺度发展到局地、城市和区域多种尺度，并且可以同时预报多种污染物。

国内常用的大气数值模式有 CMAQ（美国环保局）、CAMx（美国环境公司）和 WRF-chem 等。可用于多尺度、多污染物的空气质量的预报、评估和决策研究等多种用途，并且具有开放设计和面向用户的特点。既可以用于日常的空气质量预报，又可以成为科学工作者开展环境科学研究的工具。

我国空气质量数值预报开始于20世纪90年代，中国科学院大气物理研究所建立了"城市空气质量数值预报模式系统"，实现了天津、沈阳一次污染物的数值预报。通过几十年的发展，研制了具有自主知识产权的多物种、多尺度的嵌套网格空气质量预报模式系统（NAQPMS），对城市及区域尺度一次、二次污染物的演变规律值进行数值模拟，成功应用于北京、上海、广州和沈阳等地的业务预报，并为北京奥运会、上海世博会、广州亚运会和西安世园会空气质量预报预警提供服务。21世纪，中国气象局大气成分观测与服务中心发展了中国雾霾数值预报系统CUACE，实现区域灰霾短期数值预报，已在全国各省市气象部门推广应用。中国香港环境保护署从20世纪90年代中期开始每小时公布当天和第二天的空气污染指数预报。

美国环保局（EPA）的空气质量系统通过AIRNow网站的地图提供。

20世纪70年代，以英、法、德三国为首的欧洲各国建立了欧洲中期天气预报中心（ECMWF），成功发布中期预报。目前建立的空气质量信息系统是欧洲国家空气质量管理的一个方向，即将与空气质量有关的资料系统、预报模式、预报系统、决策系统和评估系统等有机地结合在一起。在欧洲已有很多国家建立了空气质量信息系统，如挪威建立的AirQUIS的系统，芬兰建立的空气污染信息系统API-FMI，意大利建立的空气质量控制信息系统ATMOSFERA主要为罗马服务。

五、我国环境空气质量预报预警的现状与发展

（一）现有工作基础与现状

21世纪开始，40多个环境保护重点城市开展了城市环境空气质量预报工作，对城市主要污染物PM 10、SO_2和NO_x浓度的API指数进行预报，建立了较为成熟的空气质量预报工作流程，积累了丰富的工作经验。北京、上海、广州作为京津冀、长三角、珠三角区域的中心城市，早在20世纪90年代就开始空气质量预报的研究工作，集成国内外的预报模型和技术，为当地的环境管理和社会公众服务。

随后，在环境保护部的直接领导和中国环境监测总站的技术指导下，上海市环保局牵头，组织江浙沪几个重点城市的环境监测部门，率先开展了长三角区域空气质量联动监测。在此基础上开发了上海世博会长三角区域数据共享和联合预报会商系统，为其他区域开展空气质量预测预报提供技术示范。

珠三角建成了国内最先进的、与国际接轨的珠江三角洲大气复合污染立体监测网络，

网络由60个子站组成，包括了1个国家背景站、1个大气超级监测站、1个农村站、8个区站、45个城市站、4个路边站。监测指标从常规空气质量覆盖到大气环境（气态污染物和颗粒物）所必需的绝大部分指标，建设了一套先进的珠三角区域空气质量多模式集合预报系统。该系统在2010年广州亚运会空气质量保障预测预报工作中发挥了重要作用，并由此开始进行内部业务化运行。

（二）发展目标

建立区域空气质量预报业务会商制度、高污染预警专家会商制度、高污染预警信息发布机制，实现区域空气污染预报预警、联合会商、预报预警产品分级互动业务工作的常态化。为区域大气污染联防联控和公众信息服务提供重要技术支撑，为全国数值预报系统的研发和平台建设提供必要的基础。

1. 区域空气质量预报预警中心总体框架模式

在国家环境空气质量预报预警业务体系整体框架的指导下，以“国家中心+区域中心”为框架模式，建立京津冀、长三角、珠三角区域空气质量预报预警中心。区域中心是区域空气质量预报的数据中心、联合预报中心和会商中心，负责所在区域空气质量预报预警工作的总体协调、区域层级业务预报和对分中心的技术指导。依托三个区域中心，各省建立省级分中心，各地级以上城市建立城市预报中心，形成“区域—省级—城市”多级预报预警业务平台。省级分中心作为本省的数据中心和预报工作业务中心，由数据共享与管理、数值预报以及各省市本身需要的业务平台等子系统构成。

2. 国家空气质量预警预报体系建设内容

建立新一代多尺度、多污染物全耦合空气质量预报模式，完善不同层次的大气排放源清单及建立动态更新机制，建立空气质量预报预警标准规范体系，建设重点区域空气质量预报预警业务平台，建设“国家—区域—省级—城市”预报预警业务平台。

空气质量预报预警体制建设是核心。以环境保护监测系统为开展预报预警业务体系建设和管理的主体，联合相关高校及科研院所开展标准、技术等研究，加强部门间的深化合作，资源共享，建立业务会商制度，全面提升“国家—区域—省级—城市”多层次的空气质量预报预警和服务能力，建立标准化的预报预警工作机制，形成规范的“国家—区域—省级—城市”多级预报预警产品。

国家环境空气质量预报预警平台主要包括空气质量监测网络系统、排放清单系统、数值预报系统、预报辅助系统、可视化业务会商系统和区域预报信息服务系统。与同区域

（或省级）、城市预报预警中心的预报信息交换共享。

第六节 其他环境监测管理

有别于常规监测与应急监测的其他监测工作，主要包括调查监测、研究监测、服务监测、委托监测、仲裁监测、环评监测、考核监测等。

一、研究性监测

又称科研监测，是为特定的科学研究开展的较高层次的监测活动，是提升监测工作能力的重要途径。如针对环境污染对人体健康影响的研究、污染物迁移变化趋势和规律研究、探索污染成因和构成研究、环境容量研究、环境质量新指标和监测新技术的研究等进行的监测工作。

主要包括：

1. 研究环境质量

如研究环境背景值，分析环境质量变化趋势，鉴定污染因素，验证污染模式。为制定环境基准提供依据，为环境科研提示方向，为预测预报环境质量服务。

2. 研究监测方法

发展环境监测方法学，实现监测方法的规范化和标准化。如研究布点、采样优化方法，环境标准化分析方法，监测质量保证方法，研制标准物质，研究监测数据处理方法，提高数据信息化程度及其应用价值。

3. 研究环境监测手段

主要是研制和鉴定采样与分析、在线监测与遥感遥测仪器，实现监测硬件系统标准化。

4. 研究和验证环境监测的管理方法

如监测网络管理方法，优化网络布局，建立和验证监测站的最大空间覆盖面和最合理的监测频率的数学模型；研究监测技术路线，确定监测的近期对策和远期目标；研究信息传递技术、提供监测情报和数据库的运营技术等。

5. 研究污染源与环境质量变化之间的关系

如现在开展的PM 2.5成因分析、大气污染物的传输通道；空气污染的预报模式；深圳

开始的 PM 1研究等。

二、室内空气质量检测

室内空气质量检测是针对室内装饰装修、家具添置引起的环境污染超标情况进行的分析、化验的过程，且出具国家权威认可（CMA）具有法律效力的检测报告。根据检测结果值可以判断室内各项污染物质的浓度，并进行有针对性的防控措施。室内空气质量检测是为了保证人体健康对居住和办公场所内的空气质量开展的监测活动。

三、机动车尾气检测

主要针对汽车在正常行驶过程中排放的污染物浓度进行监测的过程，是保证机动车达标排放、防治机动车污染的重要手段。检测通常按照标准规定的实验方法进行。目前，主要采取双怠速法、排气烟度法、简易瞬态工况法、加载减速法和遥感检测法对机动车尾气中的主要污染物——氮氧化物、碳氢化合物、一氧化碳等开展检测。多以手工检测为主。为了提高机动车尾气检测的时效性，方便尾气管理，多地采用遥感监测车检测机动车尾气。

机动车检测机构在取得计量认证合格证后，要接受环境保护主管部门的专业培训和考核，合格后接受省级以上环保部门的委托方能从事机动车尾气检测工作。

开展检测时要依据国家有关的监测技术规范、检测方法、质量控制措施，以保证检测数据的准确。

四、环境影响评价现状监测

环境影响评价现状监测就是为了了解在新建项目或技改扩建项目前的环境现状情况，依据国家的相关技术规范针对项目建设的可行性及环境影响预测评价开展的监测工作。一般分为地表水、地下水、大气、噪声监测，有些特殊项目须监测土壤、地表水底泥、放射性等。

现状监测方案主要依据建设项目的特点，依据相关的政策、标准、监测方法制订，确定布点原则与方法，确定监测项目与监测频次，出具监测报告。

五、环境污染事故仲裁监测

环境污染事故仲裁监测主要针对污染事故、环境执法过程中产生的矛盾进行监测，涉及确定污染的程度。经当事人请求，由环境保护行政主管部门和行使环境监督管理的部门进行监测活动，是环境监测中的特例监测。

主要依据有关法规要求开展污染事故仲裁监测。污染事故仲裁监测的主要目的就是为解决“因环境污染而产生的赔偿责任和赔偿金额的争执”提供科学客观公正的监测数据和裁定依据。

开展污染事故仲裁监测，要认真察看现场，依据相应监测技术规范和标准方法制订监测方案，原始记录要完整清晰，实验室和现场采样的样品交接要规范，严格遵守实验室质量保证与控制措施，分析人员持证上岗，监测数据和监测报告要执行三级审核，保证仲裁结果的公正、客观、科学。

六、“三同时”项目竣工环境保护验收监测

建设项目环境保护设施竣工验收是我国现阶段控制新污染源、减少环境污染、保证“三同时”制度落实的重要措施。其目的是对建设项目执行“三同时”制度的检查，为建设项目的竣工验收提供技术上的支持与依据，是判断建设项目环保设施能否通过验收的技术手段，是验证环评结果是否正确的一个过程。

竣工环境保护验收监测时间：在规定的试生产期间，接受建设单位书面委托后，按照相关规定开展监测，在完成现场监测 30 个工作日内编制完成竣工验收监测报告。

建设项目竣工环境保护验收实行分级管理，由具有审批权的环境保护主管部门提交申请。

根据监测项目和监测目的的不同，设置不同的监测点位、监测频次。

监测项目：总量控制涉及的污染物、特征污染物、环评批复中规定的污染物等。

七、环境污染损害鉴定监测

环境污染损害鉴定评估是综合运用经济、法律、技术等手段，对环境污染导致的损害范围、程度等进行合理鉴定、测算，出具鉴定意见和评估报告，为环境管理、环境司法等提供服务的活动。环境污染损害鉴定评估是协助司法机关和当事人进行鉴别判断的专业活动。

相关法律明确了污染损害鉴定的工作意义、工作任务，推荐了环境污染损害数额计算方法；有关准则明确规定，对案件所涉及的环境污染专门性问题难以确定的，由司法鉴定机构出具鉴定意见，或者由国务院环境保护部门指定的机构出具检验报告。

环境损害鉴定评估的具体业务内容可以概括为现场取证工作（现场勘查、采样、观测、走访、座谈、问卷等）、检测工作（环境介质及受体理化性质，有机、无机等污染物

质含量检测分析等）、专业分析判断（通过实验、模拟、计算以及其他专业技术手段和专家技能，完成污染来源、因果关系、环境受体、损害量化、损失估算等评估工作）三个方面。

环境损害鉴定监测工作是环境损害鉴定评估工作的重要基础部分。鉴别是否存在污染以及污染物质的含量分析，并与相关背景值、基准值或标准值进行比较，判别是否存在潜在的风险或损害。

很多试点单位和其他一些非试点省、市，已经成立了环境污染损害鉴定评估机构，初步形成了环境污染损害鉴定评估的工作机制。

八、固体废物监测

固体废物是指在生产建设、日常生活和其他活动中产生的污染环境的固态、半固态废弃物质。通过对固体废物的环境监测，可调查其排放状况，评价其对环境及人体健康的影响程度，判定是否含危险废物，为环境治理等学科研究提供基础数据、为制定固体废物环境污染控制的卫生标准和排放标准提供科学依据、为监督有关环境法规与标准的执行情况提供技术支持，为实施固体废物的总量控制技术提供科学依据、为突发性固体废物环境污染事故处置措施的制定以及事故纠纷的仲裁提供科学的判断依据。

九、大气颗粒物来源解析监测

颗粒物源解析就是通过化学、物理学、数学等方法定性或定量识别环境受体中颗粒物污染的来源。21 世纪以来，相关部门启动了对京津冀、珠三角、长三角区域的污染源解析工作，目前已有二十多个城市正在进行污染源解析。

用于开展环境空气颗粒物源解析的技术方法主要包括源清单法、源模型法和受体模型法。

（一）源清单技术方法

通过对颗粒物排放源的分类与调查，建立颗粒物排放源清单，定性或半定量识别重点排放区域、重点排放源对当地颗粒物排放总量的分担率。

（二）源模型技术方法

选择合理的空气质量模型，结合高时空分辨率的排放源清单，进行空气质量模型的模拟计算，获得各地区各类污染源排放对环境浓度的贡献。

（三）受体模型技术方法

受体模型主要包括化学质量平衡模型和因子分析类模型。化学质量平衡模型通过颗粒物源类调查、识别，确定主要排放源类（种类、点位和数量），分析颗粒物源类和受体样品的采集及化学分析，从而构建颗粒物排放源。可分成固定源、流动源、开放源等源类和受体化学成分谱，选用合适的 CMB 模型软件进行解析。因子分解模型法根据长时间序列的受体化学组分数据集进行源解析，不需要源类样品采集，通过颗粒物受体样品的采集及化学分析，选择相应的因子分解模型，基于源类特征的化学组成信息进一步识别实际的颗粒物源类。

（四）源模型与受体模型联用法

对复合污染特征较为明显的城市或区域，可使用源模型与受体模型联用法对颗粒物来源进行详细解析。使用受体模型计算各源类对受体的贡献值与分担率，利用源模型模拟计算各污染源排放气态前体物的环境浓度分担率，解析二次粒子来源。对于受体模型解析结果，使用源模型进一步解析具有可靠排放源清单的点源贡献。针对重污染过程，应基于在线高时间分辨率的监测和模拟技术，发展快速源识别和解析方法。

第五章　化工企业环保管理

第一节　化工环保概述

一、概述

（一）环境

“环境”一词的含义和内容极其丰富，在不同的学科中，“环境”一词的科学定义也不相同，其差异源于主体的界定。

对于环境科学而言，“环境”的含义应是“以人类社会为主体的外部世界的总体”。这里所说的外部世界主要是指地球表面与人类发生相互作用的自然要素及其总体。它是人类生存发展的基础，也是人类开发利用的对象。

环境，是指影响人类生存和发展的各种天然和经过人工改造的自然因素的总体，包括大气、水、土地、矿藏、森林、草原、野生生物、自然遗迹、人文遗迹、自然保护区、风景名胜区、城市和乡村等。

（二）环境问题

人类活动作用于周围的环境，引起环境质量的变化，这种变化又反过来对人类的生产、生活和健康产生影响，这就产生了环境问题。

环境问题多种多样，归纳起来有两大类：一类是自然演变和自然灾害引起的原生环境问题，也叫第一环境问题，如地震、洪涝、干旱、台风、崩塌、滑坡、泥石流等。另一类是人类活动引起的次生环境问题，也叫第二环境问题。次生环境问题一般分为环境污染和环境破坏两大类，如乱砍滥伐引起的森林植被的破坏、过度放牧引起的草原退化、工业生产造成的大气和水环境恶化等。

（三）环境污染

环境污染是指人类直接或间接地向环境排放超过其自净能力的物质或能量，从而使环境的质量降低，对人类的生存与发展、生态系统和财产造成不利影响的现象。具体包括：水污染、大气污染、噪声污染、放射性污染等。

（四）化工对环境的污染

化学工业是环境污染较为严重的行业，从原料到产品、从生产到使用都有造成环境污染的因素。

我国的工业污染在环境污染中占比较大。随着工业生产的迅速发展，工业污染的治理工作越来越引起人们的广泛注意。我国对工业污染的治理十分重视，从20世纪70年代建立环境保护机构起，各级环境保护部门就开展了工业“三废”的治理和综合利用。几十年来，国家在工业污染治理方面进行了大量投资，建立了大批治理污染的设施，也取得了比较明显的环境效益。然而，我国工业污染治理的发展还远远落后于工业生产的发展。

二、环境管理

（一）环境管理的含义

环境管理，是指运用经济、法律、技术、行政教育等手段，限制人类损害环境质量的行为，通过全面规划使经济发展与环境相协调，达到既要发展经济满足人类的基本需求，又不超出环境的允许极限。

（二）环境管理的内容

1. 从环境管理的范围来划分

（1）资源管理

资源管理包括可更新资源的恢复和扩大再生产，以及不可更新资源的合理利用。

（2）区域环境管理

区域环境管理主要是协调区域的经济发展目标与环境目标，进行环境影响预测，制订区域环境规划，进行环境质量管理与技术管理，按阶段实现环境目标。

（3）部门管理

部门管理包括能源环境管理、工业环境管理、农业环境管理、交通运输环境管理、商业和医疗等部门的环境管理及企业环境管理。

2. 从环境管理的性质来划分

环境计划管理，主要包括自然环境保护计划、区域环境规划、流域污染控制计划、城市污染控制计划、工业交通污染防治以及环境科学技术发展计划、宣传教育计划等。

环境质量管理，主要包括制定各种质量标准、制定各类污染物排放标准、组织监测和评价环境质量状况、预测环境质量变化趋势等。

环境技术管理，主要包括确定环境污染和破坏的防治技术路线和技术政策；组织国内、国际的环境科学技术交流合作等。

（三）环境管理的基本指导思想和基本理论

1. 环境管理的基本指导思想

环境管理的基本指导思想是从宏观、整体规划上研究解决环境问题。

①环境问题是社会整体中的一个有机部分，既有自己的特殊规律，又与整体社会密切相关。

②控制和解决环境问题必须把环境作为一个整体来考虑，局部地区、个别环境问题的治理是解决不了整个环境问题的。

③环境问题比较复杂，必须采取综合的方法才能有效控制和解决。

④建立以合理开发利用资源、能源为核心的环境管理战略。

2. 环境管理的理论基础——生态经济理论

环境管理主要是通过全面规划使人类经济活动与环境系统协调发展，因而要深入研究人类经济社会活动与环境系统相互作用的规律与机理，这是生态经济学的任务。所以说，生态经济理论是环境管理的理论基础。

（四）环境管理的基本职能

环境管理的基本职能包括规划、协调、指导和监督四个方面，其中监督职能是主要职能。

（五）环境管理的八项制度

1.“三同时”制度

“三同时”制度是指新建、改建、扩建项目和技术改造项目及区域性开发建设项目的污染治理设施必须与主体工程同时设计、同时施工、同时投产的制度。

2. 环境影响评价制度

环境影响评价制度是指对可能影响环境的重大工程建设、区域开发建设及区域经济发展规划或其他一切可能影响环境的活动，在事前进行调查研究的基础上，对活动可能引起的环境影响进行预测和评定，为防止和减少这种影响制订最佳行动方案。

3. 排污收费制度

排污收费制度是指一切向环境排放污染物的单位和个体生产经营者，应当依照国家的规定和标准，缴纳一定费用的制度。

4. 环境保护目标责任制

环境保护目标责任制是一种具体落实地方各级人民政府和有污染的单位对环境质量负责的行政管理制度。

5. 城市环境综合整治定量考核

城市环境综合整治就是在市政府的统一领导下，以城市生态理论为指导，以发挥城市综合功能和整体最佳效益为前提，采用系统分析的方法，从总体上找出制约和影响城市生态系统发展的综合因素，理顺经济建设、城市建设和环境建设的相互依存、相互制约的辩证关系，用综合的对策整治、调控、保护和塑造城市环境，为城市人民群众创建一个适宜的生态环境，使城市生态系统良性发展。

6. 污染集中控制

污染集中控制是在特定的范围内，为保护环境所建立的集中治理设施和采用的管理措施，是强化环境管理的一种重要手段。

7. 排污申报登记与排污许可证制度

排污申报登记制度是环境行政管理的一项特别制度。凡是排放污染物的单位，须按规定向环境保护管理部门申报登记所拥有的污染物排放设施、污染物处理设施和正常作业条件下排放污染物的种类、数量和浓度。

排污许可制度以改善环境质量为目标，以污染物总量控制为基础，规定排污单位许可排放污染物种类、许可污染物排放量、许可污染物排放去向等，是一项具有法律效力的行政管理制度。

8. 限期治理制度

限期治理制度是以污染源调查、评价为基础，以环境保护规划为依据，突出重点，分期分批地对污染危害严重、群众反映强烈的污染物、污染源、污染区域采取的限定治理时间、治理内容及治理效果的强制性措施，是人民政府为了保护人民的利益对排污单位采取的法律手段。被限期的企业、事业单位必须依法完成限期治理任务。

三、化工污染物及其来源

化工污染物都是在生产过程中产生的，其产生的原因和进入环境的途径则是多种多样的，具体包括：①化学反应不完全所产生的废料；②副反应所产生的废料；③燃烧过程中产生的废气；④冷却水；⑤设备和管道的泄漏；⑥其他化工生产中排出的废弃物等。概括起来，化工污染物的主要来源大致可分为以下两个方面。

（一）化工生产的原料、半成品及产品

1. 化学反应不完全

目前，所有的化工生产中，原料不可能全部转化为半成品或成品，其中有一个转化率的问题。未反应的原料，虽有部分可以回收再用，但最终总有一部分因回收不完全或不可能回收而被排放掉。若化工原料为有害物质，排放后便会造成环境污染。

2. 原料不纯

化工原料有时本身纯度不够，含有杂质。这些杂质因一般不参与化学反应，最后也要排放掉，而且大多数杂质为有害的化学物质，对环境会造成重大污染。例如，氯碱工业电解食盐溶液制取氯气、氢气和烧碱，只能利用食盐中的氯化钠，其余占原料约10%的杂质则排入下水道，成为污染源。

3. “跑、冒、滴、漏”

由于生产设备、管道等封闭不严密，或者由于操作水平和管理水平跟不上，物料在储存、运输以及生产过程中，往往会造成化工原料、产品的泄漏。习惯上称为“跑、冒、滴、漏”现象。

（二）化工生产过程中排放出的废弃物

1. 燃烧过程

化工生产过程一般需要有能量的输入，从而要燃烧大量的燃料。但是在燃料的燃烧过程中，不可避免地要产生大量对环境造成极大危害的废气和烟尘。

2. 冷却水

化工生产过程中除了需要大量的热能外，还需要大量的冷却水。在生产过程中，用水进行冷却的方式一般有直接冷却和间接冷却。采用直接冷却时，冷却水直接与被冷却的物料进行接触，这种冷却方式很容易使水中含有化工物料，而成为污染物质。但当采用间接冷却时，虽然冷却水不与物料直接接触，但因为在冷却水中往往加入防腐剂、杀藻剂等化学物质，排出后也会造成污染；即便没有加入化学物质，冷却水也会给周围环境带来热污染问题。

3. 副反应

化工生产中，在进行主反应的同时，还经常伴随着一些人们并不希望的副反应和副反应产物。副反应产物（副产物）虽然有的经过回收之后可以成为有用的物质，但是由于副产物的数量往往不大，而且成分又比较复杂，要进行回收存在许多困难，经济上要耗用一定的经费，所以往往将副产物作为废料排弃，引起环境污染。

4. 生产事故造成的化工污染

经常发生的生产事故是设备事故。因为化工生产的原料、成品或半成品很多都是具有腐蚀性的，容器、管道等很容易被化工原料或产品所腐蚀。如检修不及时，就会出现“跑、冒、滴、漏”等污染现象，流失的原料、成品或半成品就会对周围的环境造成污染。比较偶然的事故是工艺过程事故，由于化工生产条件的特殊性，如反应条件没有控制好，或者催化剂没有及时更换，或者为了安全而大量排气、排液，或者生成了不需要的东西。这种废气、废液和不需要的东西，数量比平时多，浓度比平时高，就会造成一时的严重污染。

第二节　化工废水处理方法

一、废水处理方法分类

化工废水的处理方法可按其作用和原理划分为四大类，即物理处理法、化学处理法、物理化学法和生物处理法。

（一）物理处理法

指通过物理作用，以分离、回收废水中不溶解的呈悬浮状态污染物质（包括油膜和油珠）的废水处理法。根据物理作用的不同，又可分为重力分离法（沉淀法）、离心分离法、筛滤截留法等。

（二）化学处理法

指通过化学反应和传质作用来分离、去除废水中呈溶解、胶体状态的污染物质或将其转化为无害物质的废水处理法。在化学处理法中，以投加药剂产生化学反应为基础的处理单元是混凝、中和、氧化还原等；而以传质作用为基础的处理单元则有萃取、汽提、吹脱、吸附、离子交换，以及电渗析、反渗透等，后两种处理单元又统称为膜处理技术。

（三）物理化学法

指利用物理化学作用去除废水中的污染物质的方法。主要有吸附法、离子交换法、膜分离法、萃取法、汽提法、吹脱法等。

（四）生物处理法

指通过微生物的代谢作用，使废水中呈溶液、胶体以及微细悬浮状态的有机污染物质转化为稳定、无害物质的废水处理方法。根据起作用的微生物不同，生物处理法又可分为好氧生物处理法、厌氧生物处理法。

二、物理处理法详解

在工业废水的处理中，物理法占有重要地位。与其他方法相比，物理法具有设备简单、成本低、管理方便、效果稳定等优点。它主要用于去除废水中的漂浮物、悬浮固体、砂和油类等物质。物理法一般用作其他处理方法的预处理或补充处理。物理法包括重力分离、离心分离、过滤等。

（一）重力分离

废水中含有较多无机砂粒或固体颗粒时，必须采用沉淀法除掉，以防止水泵或其他机械设备、管道受到磨损，并防止淤塞。

1. 沉淀法的分类

从化工废水中除去悬浮固体一般常采用沉淀法。此法是利用固体与水两者之间的相对密度差异，使固体和液体分离。这是对废水预先进行净化处理的方法之一，被广泛用作废水的预处理方法。例如，对化工废水进行生化处理时，为减轻生化装检的处理负荷，先要从废水中除去砂粒固体颗粒杂质及一部分有机物质。因此，在生化处理前，废水先要通过沉淀池进行沉淀。设置在生化处理之前的沉淀池称为初级沉淀池，或称为一次沉淀池；而在生化处理之后的沉淀池称为二次沉淀池，其目的是进一步去除残留的固体物质，包括生化处理后多余的活性污泥。

2. 沉降设备

（1）沉淀池

生产上用来对污水进行沉淀处理的设备称为沉淀池。根据池内水流方向的不同，沉淀池大致可分为五种，即平流式沉淀池、竖流式沉淀池、辐射式沉淀池、斜管式沉淀池及斜板式沉淀池等。

典型沉淀池的构造，简单介绍如下：

附有链条刮泥机的平流式沉淀池：废水由进水槽经进水孔流入池中。进水挡板的作用是降低水流速度，并使水流均匀分布于池中过水部分的整个断面。沉淀池出口为孔口或溢流堰，有时采用锯齿形（三角形）溢流堰。堰前设置浮渣管（或浮渣槽）及挡板，以拦阻和排除水面上的浮渣，使其不致流入出水槽。在沉淀池前部设有污泥斗，池底污泥由刮泥机刮入污泥斗内，污泥借助池中静水压力从污泥管中排出。当有刮泥机时，池底坡度为0.01~0.02。当无刮泥机时，池底常做成多斗形，每个斗有一个排泥管，斗壁倾斜45°~60°。

平流式沉淀池的优点是构造简单、效果良好、工作性能稳定，但排泥较为困难。当废水含大量无机悬浮物且水量又大时，宜采用辐射式沉淀池；水量较小时，则采用平流式沉淀池。当废水含大量有机悬浮物而水量又不大时，可以考虑采用圆形竖流式沉淀池；如果废水量大，应采用平流式沉淀池或辐射式沉淀池。

（2）沉砂池

沉砂池用以分离废水中相对密度较大的无机悬浮物，如砂、煤粒、矿渣等，避免其进入后面的沉淀池污泥中而给排除及处理污泥带来困难。沉砂池有平流式及竖流式两种。国内广泛应用的是平流式，平流式沉砂池的效率较高。

平流式沉砂池的过水部分是一条明渠，渠的两端用闸板控制水量，渠底有贮砂斗，斗数一般为两个。贮砂斗下部设带有闸门的排砂管，以排除贮砂斗内的积砂，也可以用射流泵或螺旋泵排砂。为了保证沉砂池能很好地沉淀砂粒，又防止密度较小的有机悬浮物颗粒被截留，应严格控制水流速度。一般沉砂池的水平流速在 0.15～0.30m/s 为宜，停留时间不少于 30s。沉砂池应不少于两个，以便可以切换工作。

（3）隔油池

石油开采与炼制、煤化工、石油化工及轻工业行业的生产过程会排出大量含油废水。化工、炼油废水中的油类一般以三种状态存在，即：悬浮状态，这部分油在废水中分散颗粒较大，易于上浮分离，占总含油量的 60%～80%；乳化状态，油珠颗粒较小，直径一般在 0.05～25μm，不易上浮去除；溶解状态，这部分油的溶解度约为 5～15mg/L。

只要去除前两部分油，则废水中的绝大多数油类物质就能都被去除，一般能够达到排放要求。对于悬浮状态的油类，一般用隔油池分离；对于乳化油则采用浮选法分离。

（二）离心分离

1. 离心分离的原理

含悬浮物的废水在高速旋转时，由于悬浮颗粒和废水的质量不同，所受到的离心力大小不同，质量大的被甩到外圈，质量小的则留在内圈，通过不同的出口可将它们分别引导出来。

2. 离心分离方式

离心分离设备按离心力产生的方式不同，可分为水力旋流器和高速离心机两种类型。水力旋流器（或称旋液分离器）有压力式和重力式两种，其设备固定，液体靠水泵压力或重力（进出水头差）由切线方向进入设备，造成旋转运动产生离心力。高速离心机依靠转鼓高速旋转，使液体产生离心力。压力式水力旋流器，可以将废水中所含的粒径 5mm 以上的颗粒分离出去。

(三) 过滤法

废水中含有的微粒物质和胶状物质，可以采用机械过滤的方法加以去除。过滤有时作为废水处理的预处理方法，用以防止水中的微粒物质及胶状物质破坏水泵，堵塞管道及阀门等。另外，过滤法也常用作废水的最终处理，使滤出的水可以进行循环使用。

1. 格栅过滤

格栅一般斜置在进水泵站集水井的进口处。一般当格栅的水头损失达到 10~15cm 时就该清洗。

2. 筛网过滤

一些工业废水含有较细小的悬浮物，选择不同尺寸的筛网，能去除水中不同类型和大小的悬浮物，如纤维、纸浆、藻类等。相当于初级沉淀池的作用。

筛网过滤装置很多，有振动筛网、水力筛网、转鼓式筛网、转盘式筛网、微滤机等。

3. 颗粒介质的过滤

颗粒介质的过滤适用于去除废水中的微粒物质和胶状物质，常用作离子交换和活性炭处理前的预处理，也能用作废水的三级处理。

颗粒介质过滤器可以是圆形池或方形池。无盖的过滤器称为敞开式过滤器，一般废水自上流入，清水由下流出。有盖而且密闭的过滤器称为压力过滤器，废水用泵加压送入，以增加压力。

过滤介质的粒度及材料，取决于所需滤出的微粒物粒子的大小、废水性质、过滤速度等因素。在废水处理中常用的滤料有石英砂、无烟煤粒、石榴石粒、磁铁矿粒、白云石粒、花岗岩粒及聚苯乙烯发泡塑料球等。其中以石英砂使用最广；但废水呈碱性时，有溶出现象，此时一般常用大理石和石灰石。

三、化学处理法详解

化学法是废水处理的基本方法之一。它利用化学作用来处理废水中的溶解物质或胶体物质，可用来去除废水中的金属离子、细小的胶体有机物、无机物、植物营养素（氮、磷)、乳化油、臭味、酸、碱等，对于废水的深度处理有着重要作用。

化学法包括中和法、混凝沉淀法、化学氧化还原法、电解法等方法。

(一) 中和法

中和就是酸碱相互作用生成盐和水。对含酸或含碱的废水，含酸浓度为 4%、含碱浓度为2%以下时，如果不能进行经济有效的回收、利用，则应经过中和，将废水的pH值调整到呈中性状态，这样才能够排放；而对含酸、含碱浓度高的废水，则必须考虑回收及开展综合利用的方法。

1. 酸性废水的中和处理方法

对酸性废水，可采用以下一些方法进行中和：

①使酸性废水通过石灰石滤床；

②与石灰乳混合；

③向酸性废水中投加烧碱或纯碱溶液；

④与碱性废水混合，使废水的pH值近于中性；

⑤向酸性废水中投加碱性废渣，如电石渣、碳酸钙、碱渣等。

2. 碱性废水的中和处理方法

对碱性废水，一般采用以下途径进行中和：

①向碱性废水中鼓入烟道废气；

②向碱性废水中注入压缩的二氧化碳气体；

③向碱性废水中投入酸或酸性废水等。

（二）混凝沉淀法

1. 混凝原理

混凝沉淀法的基本原理是在废水中投入混凝剂，因混凝剂为电解质，在废水里形成胶团，与废水中的胶体物质发生电中和，形成绒粒沉降。混凝沉淀不但可以去除废水中的细小悬浮颗粒，而且能够去除色度、油分、微生物、氮和磷等富营养物质、重金属以及有机物等。

2. 混凝剂和助凝剂

混凝剂按其化学成分可分为无机混凝剂及有机混凝剂两大类。无机混凝剂主要是铝和铁的盐类及其水解聚合物。

（三）化学氧化还原法

废水经过化学氧化还原处理，可使废水中所含的有机物质和无机物质转变成无毒或毒性不大的物质，从而达到废水处理的目的。

投加化学氧化剂可以处理废水中的有害离子。废水处理中常用的有空气氧化法和氯氧化法。

1. 空气氧化法

空气氧化法是利用空气中的氧气氧化废水中的有机物和还原性物质的一种处理方法，主要用于含还原性较强物质的废水处理，如炼油厂的含硫废水。

2. 氯氧化法

通常的含氯药剂有液氯、漂白粉、次氯酸钠、二氧化氯等。氯氧化法目前主要用在对含酚、含氰、含硫化物的废水治理方面。

（四）电解法

1. 电解法的原理

电解是利用直流电进行溶液氧化还原反应的过程。电解的装置为电解槽。在电解槽中，与电源正极相连接的极称为阳极，与电源负极相连接的极称为阴极。当接通直流电源后，电解槽的阴极和阳极之间产生了电位差，驱使正离子移向阴极，进行还原反应；负离子移向阳极，进行氧化反应，转化为无害成分被分离除去。

2. 电解法的分类

目前对电解还没有统一的分类方法，一般按照污染物的净化机理可以分为电解氧化法、电解还原法、电解凝聚法和电解上浮法；也可以分为直接电解法和间接电解法。按照阳极材料的溶解特性，可分为不溶性阳极电解法和可溶性阳极电解法。

四、物理化学法详解

废水经过物理方法处理后，仍会含有某些细小的悬浮物及溶解的有机物，可以进一步采用物理化学方法进行处理。常用的物理化学方法有吸附、浮选、电渗析、反渗透、超过滤等。

（一）吸附法

吸附法是利用多孔性固体物质作为吸附剂，以吸附剂的表面吸附废水中的某种污染物的方法。在废水处理中，吸附法处理的主要对象是废水中用生化法难以降解的有机物或用一般氧化法难以氧化的溶解性有机物，包括木质素、氯或硝基取代的芳烃化合物、杂环化合物、洗涤剂、合成染料、除锈剂等。常用的吸附剂有活性炭、硅藻土、铝矾土、磺化煤、矿渣及吸附用的树脂等，其中以活性炭最为常用。

1. 吸附的原理

在表面积一定的情况下，要使吸附剂表面能减少，只有减小其表面张力。而如果吸附剂在吸附某物质后能降低表面能，则该吸附剂便能吸附此种物质。所以吸附剂只可以吸附那些能够降低它的表面张力的物质。

2. 吸附工艺及设备

吸附操作分间歇吸附和连续吸附两种。前者是将吸附剂（多用粉状炭）投入废水中，不断搅拌，经一定时间达到吸附平衡后，用沉淀或过滤的方法进行固液分离。间歇吸附工艺适用于规模小、间歇排放的废水处理。

连续吸附使废水不断流进吸附床，与吸附剂接触，当污染物浓度降至处理要求时，排出吸附柱。按照吸附剂的充填方式，吸附床又分为固定床、移动床和流化床三种。

（二）浮选法

浮选法就是利用高度分散的微小气泡作为载体去黏附废水中的污染物，使其密度小于水而上浮到水面，实现固液或液液分离的方法。在废水处理中，浮选法已广泛应用于：①分离地面水中的细小悬浮物、藻类及微絮体；②回收工业废水中的有用物质，如造纸厂废水中的纸浆纤维及填料等；③代替二次沉淀池，分离和浓缩剩余活性污泥，特别适用于那些易于产生污泥膨胀的生化处理工艺中；④分离回收油废水中的悬浮油和乳化油；⑤分离回收以分子或离子状态存在的目的物，如表面活性剂和金属离子等。

1. 浮选法的基本原理

浮选法的主要原理是表面张力的作用。当空气通入废水时，废水中存在细小颗粒物质，共同组成三相系统。细小颗粒黏附到气泡上时，使气泡界面发生变化，引起界面能的变化。亲水性颗粒易被水润湿，水对它有较大的附着力，气泡不易把水排开取而代之，因此，这种颗粒不易附着在气泡上；相反，疏水性颗粒则容易附着于气泡而被除去。易被润湿的颗粒，就容易附着在气泡上。

若要用浮选法分离亲水性颗粒（如纸浆纤维、煤粒、重金属离子等），就必须投加合适的药剂，以改变颗粒的表面性质，使其表面变成疏水性，易于黏附于气泡上。这种药剂通常称为浮选剂。

浮选剂的种类很多，如松香油、石油及煤油产品、脂肪酸及其盐类、表面活性剂等。对不同性质的废水应通过试验选择合适的浮选剂品种和投加量，也可参考矿冶工业浮选的资料。

2. 浮选法设备及流程

浮选法的形式比较多，常用的浮选方法有加压浮选法、曝气浮选法、真空浮选法、电解浮选法和生物浮选法等。

加压浮选法在国内应用比较广泛。几乎所有的炼油厂都采用这种方法来处理废水中的乳化油。使用这种方法水中含油可以降到 10～25mg/L 以下。其原理是在加压的情况下将空气通入废水中，使空气在废水中溶解达饱和状态，然后由加压状态突然减至常压，这时溶解在水中的空气就成了过饱和状态，水中空气迅速形成极微小的气泡，不断向水面上升。气泡在上升过程中，捕集废水中的悬浮颗粒及胶状物质等，将其一同带出水面，然后从水面上将其加以去除。

第三节　化工废气处理技术

一、除尘技术

化学工业所排放出废气中的粉尘污染物，主要是含有硅、铝、铁、镍、钒、钙等氧化物及粒度在 10μm 以下的浮游物质。这些物质都会污染周围的环境。因此，控制所排放出废气中的粉尘污染物的数量，是大气环境保护的重要内容。

根据各种除尘装置作用原理的不同，可以将除尘装置大致分为四大类，即机械除尘器、湿式除尘器、电除尘器和过滤除尘器。

二、气态污染物的处理技术

化学工业所排放废气中的主要污染物有二氧化硫、氮氧化物、氯化物、氟化物、碳化物及各种有机气体等。近年来，由于石油化工的迅速发展和大量利用含硫燃料作为能源，使得二氧化硫和氮氧化物对大气所造成的污染更为严重。

目前，处理气态污染物的方法主要有吸收、吸附、冷凝和燃烧等。

（一）吸收法

吸收是利用气体混合物中不同组分在吸收剂中溶解度的不同，或者与吸收剂发生选择性化学反应，从而将有害组分从气流中分离出来的过程。吸收法用于治理气态污染物，技术上比较成熟，实践经验比较丰富，适用性比较强，各种气态污染物，如 SO_2、H_2S、HF、

NO_x等，一般都可选择适宜的吸收剂和吸收设备进行处理，并可回收有用产品。因此，该方法在气态污染物治理方面得到广泛应用。

吸收法中所用吸收设备的主要作用是使气液两相充分接触，以便很好地进行传递。许多吸收设备与湿式除尘器设备是基本相似的。

吸收装置主要有填料塔、空塔、旋风洗涤塔、文丘里洗涤塔、板式塔、蹦球塔与泡沫塔。

填料塔内填充适当高度的填料（填料有环形、球形、旋桨形、栅板形等），以增加两种流体间的接触表面。用作吸收剂的液体由塔的上部通过分布器进入塔内，沿填料表面下降，要净化的气体则由塔的下部通过填料孔隙逆流而上与液体接触，气体中的污染物被吸收而达到气体净化的目的。

筛板塔内装若干层水平塔板，板上有许多小孔，其形状如筛，并装有溢流管（亦有无溢流管的）。操作时，液体由塔顶流入，经溢流管逐板下降，并在板上积有一层一定厚度的液膜。要净化的气体由塔底进入，经筛孔上升穿过液层，鼓泡而出，因而两相可充分接触，气体中的污染物被吸收液所吸收而达到净化的目的。

喷淋塔内既无填料也无塔板，所以又称为空心吸收塔。操作时液体由塔顶进入，经过安装在塔内各处的喷嘴，被喷成雾状或雨滴状；气体由塔底部进入塔体，在上升过程中与雾状或雨滴状的吸收液充分接触，使液体吸收气体中的污染物，而吸收后的吸收液由塔底流出，净化后的气体由塔顶排出。

（二）吸附法

气体混合物与适当的多孔性固体接触，利用固体表面存在的未平衡的分子引力或化学键力，把混合物中某一组分或某些组分吸留在固体表面上，这种分离气体混合物的过程称为气体吸附。吸附法由于具有分离效率高、能回收有效组分、设备简单、操作方便、易于实现自动控制等优点，已成为治理环境污染物的主要方法之一。在大气污染控制中，吸附法可用于中低浓度废气的净化。

1. 吸附剂

常用的气体吸附剂有硅胶、矾土（氧化铝）、铁矾土、漂白土、分子筛、丝光沸石和活性炭等。在大气污染控制方面，应用最广的吸附剂是活性炭。

2. 吸附过程

吸附过程包括以下三个步骤：

①使气体和固体吸附剂进行接触，以便气体中的可吸附部分被吸附在吸附剂上；

②将未被吸附的气体与吸附剂分开；

③进行吸附剂的再生，或更换吸附剂。

3. 吸附设备

根据吸附器内吸附剂床层的特点，可将气体吸附器分为固定床、移动床和流化床三种类型。

固定床吸附器多为立式或卧式的空心容器，其中装有吸附剂。吸附过程中气体流动，而吸附剂固定不动。

在移动床吸附器中，要净化的气体和吸附剂各以一定的速度做逆流运动进行接触。吸附剂由塔顶进入吸附器，依次经吸附段、精馏段、解吸段，进入塔底的卸料装置，并以一定的流速排出，然后由升扬鼓风机输送至塔顶，再进入吸附器，重新开始上述吸附循环。要净化的气体从吸附段底部进入吸附器，与吸附剂逆流接触后，从吸附段的顶部排出。

（三）催化法

催化法是利用催化剂的催化作用，将废气中的气体有害物质转化为无害物质或易于去除的物质的一种废气治理技术。应用催化法治理污染物过程中，无须将污染物与主气流分离，可直接将有害物质转变为无害物质，这不仅可避免产生二次污染，而且可简化操作过程。此外，由于所处理的气体污染物的初始浓度都很低，反应的热效应不大，一般可以不考虑催化床层的传热问题，从而大大简化了催化反应器的结构。由于上述优点，促进了催化法净化气态污染物的推广和应用，目前此法已成为一项重要的大气污染治理技术。

（四）燃烧法

燃烧法是通过热氧化作用将废气中的可燃有害成分转化为无害物质的方法。但处理可燃组分含量低的废气时，须预热耗能，应注意热能回收。

（五）冷凝法

冷凝法是利用物质在不同温度下具有不同饱和蒸气压这一性质，降低系统温度或提高系统压力，使处于蒸气状态的污染物冷凝并从废气中分离出来的过程。

冷凝法不适宜处理低浓度的废气，常作为吸附、燃烧等净化高浓度废气的前处理，以便减轻这些方法的负荷。

（六）生物法

废气的生物法处理是利用微生物的生命活动过程把废气中的气态污染物转化成少害甚至无害的物质。与其他净化方法相比，生物法设备简单、费用低，并可以达到无害化目的。因此，生物处理技术被广泛应用于废气治理工程中，特别是有机废气的净化，如屠宰场、肉类加工厂、金属铸造厂、固体废物堆肥化工厂的臭气处理。该法的局限性在于不能回收污染物质，只适用于污染物浓度很低的情况。

（七）膜分离法

混合气体在压力梯度作用下透过特定薄膜时，不同气体具有不同的透过速度，从而使气体混合物中的不同组分达到分离的效果。根据构成膜物质的不同，分离膜有固体膜和液体膜两种。目前在一些工业部门实际应用的主要是固体膜。膜分离法的优点是过程简单、控制方便、操作弹性大，并能在常温下工作，能耗低（因不耗相变能）。该法已用于石油化工、合成氨气中回收氢、天然气净化、空气中氧的富集，以及 CO_2的去除与回收等。

（八）二氧化硫处理技术

根据去除原理，要想除去废气中的 SO_2就要用到干法去除以及湿法去除两种，这两种方法的区别在于使用的吸收剂不同，可以将干法去除分为等离子法、电子束照射法以及石灰法等，而湿法去除可分为钠法、氨法以及钙法等。从使用的工业化装置的角度分析可知，钙法在市场范围内得到了广泛使用，但是，这种方法的使用会伴随石膏的产生，从而对于钙法的推广使用产生了一定程度的影响。与此同时，对于沿海地区的化工企业来说，使用海水洗涤废气污染处理的方法有一定的地域性优势。作为 20 世纪发展速度比较快的脱硫脱硝技术，等离子法、氨法的使用已经被认为是有着很好发展前景的 SO_2处理技术。如今，我国的很多企业都加大了对新型 SO_2处理技术的研究力度，氨法脱硫可以达到超低排放要求，还可以副产硫铵。

（九）氮氧化物处理技术

从工业化装置数量的角度分析能够得知，选择性催化还原的方法主要是借助对废气中含氮氧化物质的处理，来实现处理废气的效果，然而，在现在所公开的 6 项氮氧化物处理技术中，占据其中 4 项的是选择性催化还原技术。与此同时，以遵循地方标准以及环保法律法规为前提，实现对成本投入的处理已经成为用户比较关注的问题。

（十）VOC 处理技术

通常情况下，VOC 处理技术代表有着化工特征的污染物质。就化工领域的角度看来，VOC 可以将资源的重要作用充分发挥出来，并且应用于原料以及产品等各个领域，如果 VOC 进入环境市场中，就会加剧危害人类健康的可能性，甚至其浓度达到一定的范围之后就会产生爆炸事故。由此看来，对于 VOC 的控制不能仅停留在处理阶段，还要注重回收阶段的各项工作。相关研究资料表明，VOC 处理技术将无焰热氧化、生物过滤、溶液洗涤、催化氧化以及活性炭吸附等作为主要方法，客观上由于催化氧化的数量比较大，要对整体的成本投入进行压缩。就 VOC 回收技术的整体角度看来，其中膜回收、溶剂回收、吸附-膜分离以及低温回收为主要代表，可以在治理不同类型的污染物质中发挥出应有的作用。

第四节　化工废渣处理及其资源化

一、固体废弃物对环境的影响

固体废弃物由于产生量大，且综合利用少、占地多、危害严重，是我国的主要环境问题之一。

固体废弃物不仅占用了大量土地，而且经过雨淋湿后会浸出有害物质，使土地毒化、酸化、碱化。固体废弃物对大气的污染也是极为严重的，如固体废弃物中的尾矿或粉煤灰、干污泥和垃圾中的尘粒将随风飞扬，进而移往远处；有些地区煤矸石含硫量高而自燃，像火焰山一样散发出大量的二氧化硫。化工和石油化工中的多种固体废弃物本身或在焚烧时能散发毒气和臭味，恶化周围的环境。

在固体废弃物的危害中，最为严重的是危险性废物的污染。易燃、易爆和腐蚀性、剧毒性废物，易造成突发性严重灾难，而且有毒性或潜在毒性的废弃物会造成持续性的危害。

二、化工废弃物处理技术

化工废弃物的处理与处置包括处理、处置两个方面。化工废弃物处理是指通过物理、化学、物化、生物等不同方法，使化工废弃物转化成为适于运输、储存、资源化利用的物质，以及最终处置的一种过程。化工废弃物的处理方法主要有物理处理、物化处理、化学处理、生物处理四种。以下简要介绍化工废弃物常用的处理方法。

（一）压实

压实亦称压缩，指用物理方法提高固体废弃物的聚集程度，增大其在松散状态下的单位体积质量，减少固体废弃物的体积，以便于利用和最终处置。

目前，压实处理技术在我国还未广泛使用。压实处理的主要机械设备为压实器。

（二）破碎

破碎指用机械方法将废弃物破碎，减小颗粒尺寸，使之适合于进一步加工或能经济地再处理。破碎往往作为运输、储存、焚烧、热分解、熔融、压缩、磁选等的预处理过程。按破碎的机械方法不同，破碎分为剪切破碎、冲击破碎、低温破碎、湿式破碎和半湿式破碎等。

①剪切破碎是靠机械的剪切力（固定刀和可活动刀之间的啮合作用）将固体废弃物破碎至适宜尺寸的过程。这种处理技术当前已广泛应用于金属、木质、塑料、橡胶、纸等许多固体废弃物的破碎。

②冲击破碎是靠打击锤（或打击刃）与固定板（或打击板）之间的强力冲击作用将固体废弃物破碎的过程。这种处理技术主要适用于废玻璃、瓦砾、废木质、塑料及废家用电器等固体废弃物的处理。用于固体废弃物处理的冲击破碎机多数属旋转式，最常用的是锤式破碎机。

③低温破碎是利用固体废弃物低温变脆的性质而进行有效破碎的方法，主要适用于处理废汽车轮胎、包覆、电线、废家用电器等，通常采用液氮做制冷剂。

④湿式破碎是基于纸浆在水力作用下发生浆化的原理，因而可将废物处理与制浆造纸结合起来，主要通过湿式破碎机破碎。湿式破碎机为一圆形立式转筒装置，底部有许多筛眼，转筒内装有 6 支破碎刀，垃圾中的废纸投入转筒后，因受大水量的激流搅动和破碎刀的破碎形成浆状，浆体由底部筛孔流出，经固液分离器把其中的残渣分出，纸浆送到纤维回收工段，分离出纤维素后的有机残渣与城市下水污泥混合脱水至 50%，送去焚烧炉焚烧处理，回收废热。在破碎机内未能粉碎和未通过筛板的金属、陶瓷类物质从机器的侧口排出，通过提斗送到传送带上，在传送过程中用磁选器将铁和非铁类物质分开。

⑤半湿式选择破碎是基于废弃物中各种组分的耐剪切、耐压缩、耐冲击性能的差异，采用半湿式方法（加少量水）在特制的具有冲击、剪切作用的装置中，对废物做选择性破

碎的一种技术。物料在半湿式选择破碎机中的选择破碎和分选分三级进行。物料投入后，刮板首先将垃圾组分中的玻璃、陶瓷、厨余等性质脆而易碎的物质破碎成细粒、碎片，通过第一阶段的筛网分离出去。分出的第一组物质采用磁力分选、风力分选设备分别去除废铁、玻璃、塑料等得到堆肥原料，剩余垃圾进入滚筒。第二阶段，垃圾组分继续受到刮板的冲击和剪切作用，具有中等强度的纸类物质被破碎，从第二阶段筛网排出。分出的第二组物质采用分选设备先去除长形物，然后用风力分选器将相对密度大一些的厨余类和相对密度小的纸类分开。残余的垃圾在滚筒内继续受到刮板的冲击和剪切作用而破碎，从滚筒的末端排出，其主要成分为延伸性大的金属、塑料、纤维、木材、橡胶、皮革等物质。第三组物质的分选设备由磁选机和剪切机组成，剪切机把原料剪切到合乎热分解气化要求的粒度，然后利用其相对密度的差异，进一步将金属类废料和非金属类废料分开。

（三）分选

分选主要是依据各种废弃物物理性能的不同进行分选处理的过程。分选的方法主要有筛分、重力分选、磁力分选、浮力分选等。

①筛分是利用固体废弃物之间的粒度差，通过一定孔径筛网上的振动来分离物料的一种操作方法，以把可以通过筛孔的和不能通过筛孔的粒子群分开。该技术已经在固体废弃物资源回收和利用方面得到广泛应用。

②重力分选是利用混合固体废弃物在介质中的相对密度差进行分选的。分选的介质可以是空气、水，也可以是重液、重悬液等，进而可分为风力分选、重液分选等几种形式。风力分选是基于固体废弃物颗粒在风力的作用下，相对密度大的沉降末速度大、运动距离比较近，相对密度小的沉降末速度小、运动距离比较远的原理，对不同相对密度的物质加以分选。重液分选是将两种密度不同的固体废弃物放在相对密度介于两者之间的重介质中，使轻固体颗粒上浮、重固体颗粒下沉，从而进行分选的一种方法。重介质主要有固体悬浮液、氯化钙水溶液、四溴乙烷水溶液等。该方法在国外用于从废金属混合物中回收铝，已达到实用化程度。

③磁力分选是基于固体废弃物的磁性差异达到分选效果的一种技术。它是通过设置在输送带下端的一种磁鼓式装置来实现的：被破碎的废弃物通过皮带运输机传送到另一预处理装置时，下落废弃物中的碎铁渣被磁分选机吸在磁鼓装置上，从而得到优质的碎铁渣。

④静电分离技术是利用各种物质的电导率、热电效应及带电作用不同而分离被分选物料的方法，用于各种塑料、橡胶和纤维纸、合成皮革与胶卷等物质的分选。

⑤光电分离技术是利用物质表面光反射特性的不同而分离物料的方法。先确定一种标

准的颜色，让含有与标准颜色不同颜色的粒子混合物经过光电分离器，在下落过程中，当照射到和标准颜色不同的物质粒时，改变了光电放大管的输出电压，经电子装置增幅控制，瞬间地喷射压缩空气而改变异色粒子的下落方向，这样能将与标准颜色不同的物质被分离出来。

（四）固化技术

固化技术是指通过物理或化学法，将废弃物固定或包含在坚固的固体中，以降低或消除有害成分的溶出特性。目前，根据废弃物的性质、形态和处理目的可供选择的固化技术有五种，即水泥基固化法、石灰基固化法、热塑性材料固化法、高分子有机物聚合稳定法和玻璃基固化法。

（五）焚烧

焚烧是让废物在高温下（800~1 000℃）燃烧，使其中的化学活性成分被充分氧化分解，留下的无机成分（灰渣）被排出，在此过程中废弃物的容积减少，毒性降低，同时可达到回收热量及副产品的双重功效。城市垃圾的焚烧已成为城市垃圾处理的三大方法之一。焚烧有以下优点：

①减容（量）效果好，占地面积小，基本无二次污染，且可以同收热量；

②焚烧操作是全天候的，不受气候条件所限制；

③焚烧是一种快速处理方法，使用传统的焚烧炉，垃圾只须在炉中停留 1h 即可变成稳定状态；

④焚烧的适用面广，除可处理城市垃圾以外，还可处理许多种其他有毒废弃物。

（六）热解技术

热解技术是在氧分压较低的条件下，利用热能使可燃性化合物的化合键断裂，由大相对分子质量的有机物转化成小相对分子质量的燃料气体、油、固形碳等。

热解法和其他方法相比，有以下优点：

①因热解是在氧分压较低的还原条件下进行的，因此产生的 NO_x、SO_2、HCl 等二次污染较少，生成的燃料气或油能在低空气比下燃烧，因此废气量比较少，对大气造成的二次污染也不明显；

②能够处理不适于焚烧的难处理固体废弃物；

③热解残渣中，腐败性有机物含量少，能防止填埋厂的公害，排出物密度高，废物被

大大减容，而且灰渣被熔融，能防止重金属类溶出；

④能量转换成有价值的、便于储存和运输的燃料。

（七）堆肥技术

堆肥技术是依靠自然界广泛分布的细菌、放线菌、真菌等微生物，人为地促进可被生物降解的有机物向稳定的腐殖质转化的生物化学过程。堆肥化的产物称为堆肥，可作为土壤改良剂和肥料，从而防止有机肥力减退，维持农作物长期的优质高产。因而这种方法越来越受到重视，成为处理城市生活垃圾的一种主要方法。

堆肥按需氧程度区分，有好氧堆肥和厌氧堆肥；按温度区分，有中温堆肥和高温堆肥；按技术区分，有露天堆肥和机械密封堆肥。习惯上使用第一种分类方法。

第五节　化工清洁生产

一、清洁生产的由来

随着工业化的发展，进入自然生态环境的废弃物和污染物越来越多。20 世纪 70 年代以来，面对环境的日益恶化，世界各国不断增加投入，治理生产过程中所排放出来的废气、废水和固体废弃物，以减少对环境的污染，保护生态环境，这种污染控制战略被称为末端处理。末端处理虽然在某种程度上能减轻部分环境污染，但并没有从根本上改变全球环境恶化的趋势。在实践中，人们逐渐认识到被动式的末端处理为主的污染控制战略必须改变，否则环境问题将难以得到根本解决。

清洁生产其核心是改变以往依赖末端处理的思想，以污染预防为主，推行清洁生产是实现可持续发展战略的重要举措。

二、什么是清洁生产

清洁生产是一个相对的、抽象的概念，没有统一的标准。因此，清洁生产的定义因时间的推移而不断发生变化，使其更为科学、更为完整，并且更具有现实的可操作性。20 世纪 90 年代中期，联合国环境规划署对清洁生产的概念进行了重新定义：

清洁生产是指将整体预防的环境战略持续应用于生产过程、产品和服务中，以期增加生态效率并减少对人类和环境的风险。

对生产过程而言，清洁生产包括节约原材料、淘汰有毒原材料、减降所有废物的数量和毒性；对产品而言，清洁生产战略旨在减少从原材料的提炼到产品的最终处置的全生命周期的不利影响；对服务而言，要求将环境因素纳入设计和所提供的服务中。

清洁生产主要包括以下内容。

（一）清洁的能源

①常规能源的清洁利用，如采用洁净煤技术，逐步提高液体燃料、天然气的使用比例；

②可再生能源的利用，如水力资源的充分开发和利用；

③新能源的开发，如太阳能、生物质能、风能、潮汐能、地热能的开发和利用；

④各种节能技术和措施等，如在能耗大的化工行业采用热电联产技术，提高能源利用率。

（二）清洁的生产过程

①尽量少用、不用有毒有害的原料；

②无毒、无害的中间产品；

③减少或消除生产过程的各种危险性因素，如高温、高压、低温、低压、易燃、易爆、强噪声、强振动等；

④少废、无废的工艺；

⑤高效的设备；

⑥物料的再循环（厂内、厂外）；

⑦简便、可靠的操作和控制；

⑧完善的管理等。

（三）清洁的产品

①节约原料和能源，少用昂贵和稀缺原料，利用二次资源做原料；

②产品在使用过程中以及使用后不含有危害人体健康和生态环境的因素；

③易于回收、复用和再生；

④合理包装；

⑤合理的使用功能（以及具有节能、节水、降低噪声的功能）和合理的使用寿命；

⑥产品报废后易处理、易降解等。

三、化工清洁生产的途径

实现清洁生产的主要途径可以归纳如下：

①实现资源的综合利用，采用清洁的能源；

②改革工艺和设备，采用高效设备和少废、无废的工艺；

③组织厂内的物料循环；

④改进操作，加强管理，提高操作工人的素质；

⑤革新产品体系，如在农药产品上应开发低毒高效产品；

⑥采取必要的末端“三废”处理；

⑦组织区域范围内的清洁生产。

这些途径可以单独实施，也可以相互组合，要根据实际情况来确定。

四、清洁生产面临的障碍和实施步骤

（一）清洁生产面临的障碍

清洁生产作为刚刚兴起的新鲜事物，在实施过程中难免遇到各式各样的阻力。其障碍主要来自环保意识、经济能力、技术及政策等方面。

1. 环保意识障碍

企业领导往往过于强调生产，对清洁生产计划所需的时间和努力不够重视，中小企业尤其如此。如果法律上无规定，工业界内部一般不愿意促进清洁生产。一般企业是等待强制性立法，而不是主动改革。

2. 经济能力障碍

①自然资源、水、电等的低定价以及目前丰富的可得性，抑制了企业实施废物最少化的动力。

②企业财力有限，对清洁生产的投资少。金融机构、银行等对资助成本密集的废物最少化措施（尤其是那些偿还期较长的措施）的兴趣不足，使企业难以开展清洁生产。

③由于减少污染而自然产生的效益往往不是明显的，故企业没有把环境成本计入废物最少化措施的经济分析中，而只根据直接经济回报和近期财政收益计算。

④与生产有关的财政鼓励措施盛行，也成为实施清洁生产的绊脚石。

3. 技术障碍

①企业缺乏开展研究所需的内部基础设施，即厂内监测仪器、分析设施等，阻碍清洁

生产的研究。

②企业职工缺乏其岗位技能的系统培训，企业内部无法独立承担废物最少化计划。

③技术信息利用渠道有限，清洁工艺本身又常常是针对具体装置或生产而开发的，对大部分企业不适用。

④企业出于战略考虑或者专利保护，而故意保密清洁工艺，成熟的清洁工艺往往难以推广。

4. 政策障碍

①资源的定价政策不合理（如工业用水、煤的定价太低），企业不能从大多数节水、节能等措施中得到合理的经济回报。

②强调末端管理办法，主管部门仍然只强调达到规定的排放标准，排污收费偏低。

③市场经济导致企业产品的不确定性，企业不愿意实施中长期废物削减措施。

（二）促进清洁生产的手段

要排除清洁生产实施过程中的障碍，还是有计可施的。

1. 要制定足够的清洁生产政策

政府部门要适当地立法及有效执法。制定激励开展清洁生产的经济政策，更多地运用市场规律及消费者压力，使资源的价格更合理，提高排污收费标准，要使很少做出清洁生产努力的企业不能得到竞争优势。对实施清洁生产计划提供长期、稳定的财政援助，让实施清洁生产的企业享有更多财政机会。在能源利用上，要推行清洁能源政策，由煤炭逐步改成燃气、电力等清洁能源。制定清洁生产目标，把清洁生产纳入管理范围。加强环境审计，做废物最少化评价，发放排污许可证，把排污目标及污染收费列入许可证，在一定程度上影响工业界的战略决策。

2. 加强清洁生产技术和装备方面的研究及推广

政府部门和企业要大力支持清洁生产技术和装备方面的研究和开发，加强国际间及国内的技术交流，建立计算机技术网络，使政府人员、企业管理和科技人员及时了解高质量、最新的清洁生产信息。建立国家清洁生产技术中心，建立清洁生产示范项目，用成功的清洁生产案例充分显示运用清洁生产的优势。

开展清洁生产技术和装备方面的研究，还应注意将其推广应用到工业生产实践中去。

3. 加强宣传教育

清洁生产是工业发展的一种新模式，贯穿产品生产和消费的全过程，不单纯是生产技术的问题，而是一个复杂的系统工程。因此，要实现清洁生产，首先要开展以清洁生产促进可持续发展意义的宣传和培训，增强公众对清洁生产概念的了解。通过宣传争取工业界的理解、支持与合作。宣传对象还应包括银行及金融机构，必须使他们了解清洁生产及其经济回报、较低的债务风险和信贷风险，以及他们在清洁生产中发挥的作用，把清洁生产列入他们的贷款要求中。

4. 加强人员培训

进行岗位示范培训，提高职工的操作技能和环保意识。特别是要加强针对企业领导人和工程设计人员、清洁生产审核人员的培训。

5. 研究和开发无污染或少污染、低消耗的清洁生产工艺和产品

鼓励采用清洁生产方式使用能源和资源，提高能源和资源的使用效率，特别鼓励可再生资源、能源的使用。生产过程中尽可能使用如太阳能、电能等无污染和少污染的一次和二次原料；采用物料闭路循环、废物综合利用等工艺流程和措施。

6. 发展绿色产品

改进产品设计，调整产品结构，更新、替代有害环境的产品，大力发展绿色产品。特别要促进具有环境保护标志产品的生产与使用。

7. 发展环境保护技术

发展环境保护技术，搞好末端处理。为实现有效的末端处理，必须努力开发一些处理效果好、占地面积少、投资省、见效快、可回收有用物质等的实用先进环境保护技术。

（三）实施清洁生产的步骤

1. 转变观念

实施清洁生产的首要问题是转变观念，真正把“预防”放在首位。实施清洁生产是一项涉及各个方面工作的系统工程，除环保部门要起一定作用外，企业的领导一定要充分重视，肯花大力气抓，发动计划、财务、科研、技术、设备、生产等部门共同参与。要通过宣传教育，使各级领导和职工明白清洁生产的概念和重大意义，只有实施清洁生产才能真正实现经济、社会、环境三个效益的统一，同时也是企业生存和发展的必经之路。

2. 环境审计

企业环境审计是推行清洁生产、实行全过程污染控制的核心。环境审计包括现场工艺查定、物料能源平衡、污染源排序、污染物产生原因的初步分析等。

3. 产生备选方案

通过转变观念和进行环境审计，广泛征求技术、管理、生产部门对来自生产全过程各环节的废物削减合理化建议和措施。从主观和客观各种因素、技术复杂程度、投资费用高低等方面进行综合分析，产生备选方案。

4. 确定实施方案

备选方案产生后进行技术、环境和经济方面的评估，确定最佳实施方案。

（1）技术评估

从技术的先进性、可行性、成熟程度，对产品质量的保证程度、生产能力的影响、操作的难易性、设备维护等方面进行评估。

（2）环境评估

方案实施后，对生产中的能耗变化、污染物排放量和形式变化、毒性变化、是否增加二次污染、可降解性和可回用性的变化和对环境影响程度、是否有污染物转移的可能性等进行综合评估。对能够使污染物明显减少，尤其是能使困扰企业生产发展的环境问题有所缓解的清洁生产方案应予优先选择。

（3）经济评估

通过对各备选方案的实施中所需的投资与各种费用，实施后所节省的费用、利润以及各种附加效益的评估，选择最少消耗和取得最佳经济效益的方案，为合理投资提供决策依据。

经上述技术、环境、经济等方面的综合评估，选择出切实可行的最佳方案。方案一旦选定，即开始落实资金，组织实施，最终还要总结评价清洁生产方案的实施效果。

第六章　化工企业的职业危害及防护

第一节　职业病及其预防

为了职工的健康和安全，企业要高度重视职业性危害的防护工作，根据职业病防治法律、法规，制定、落实各项职业健康管理制度及措施，建立并完善职业性伤害防治体系。职工也要掌握职业性危害防护工作的有关知识。

一、职业病及其危害

职业病是指企业、事业单位和个体经济组织等用人单位的劳动者，在职业活动中，因接触粉尘、放射性物质和其他有毒、有害物质等因素而引起的疾病。职业病的特点是：有明显的接触史；有群发性；有特异性，即选择性地作用于人体的某一系统或某一器官，出现典型症状；有潜伏期；多数职业病痊愈后可以达到身体良好。职业病必须由国家认定，所以又称法定职业病。

职业病危害范围广，损害劳动者健康。20 世纪 40 年代末到 21 世纪初，全国已累计报告职业病七十多万例，其中尘肺病六十多万例。由于职业病具有迟发性和隐匿性的特点，估计我国实际发生的职业病病例要大于报告数量。近些年，我国有三十余个行业的职工受到职业病威胁，虽然尘肺病、职业中毒等职业病得到初步遏制，但是发病率仍然居高不下。

接触毒物、粉尘等化学危害因素，也可能使某些非职业病的发病率增高或者使某些个体的非职业病加剧，生产环境中多种因素也可能导致病损。这些情况称职业性多发病而非职业病，但和职业病一样也属于职业性伤害。

二、职业病的预防控制对策

职业病的预防控制对策包括对职业病危害发生源、接触者、传播途径三个方面的控

制，其指导思想是降低粉尘和毒物等有害因素的作用强度和减少接触时间。

（一）发生源控制原则

企业职业健康管理首先要弄清企业存在哪些职业性有害因素，这些职业性有害因素的作用强度如何，可能造成哪些职业性伤害，存在哪些有损职工健康的有害作业，作业场所有害作业危害程度属于什么级别。作业场所有害作业分级评价有许多国家标准。影响职业性有害因素作用强度的因素较多。以毒物为例，作用强度首先与毒物的毒性有关，其次与毒物的数量或浓度有关，还与毒物与人体的接触方式、接触是否充分有关。例如，毒性很大的毒物以很少的数量和极短的时间可以使人毙命；毒性不是很大的毒物，如果浓度很高，也容易发生中毒；通过呼吸道进入人体时，粉状的毒物比块状的与人体接触充分，挥发性强的液体毒物与人体接触可能更充分。应当在以上职业性有害因素辨识的基础上，有针对性地提出卫生技术措施和管理措施，抓好预防工作。

发生源的控制原则及优先措施是：替代、改变工艺，湿式作业，密闭，隔离，局部通风及维护管理等。替代、改变工艺是设法消除职业病危害发生源或者减少其危害性，如激光照排代替铅字排版，从根本上消除了印刷行业铅中毒的可能性。用低毒物质替代高毒物质，则可减少中毒的可能性。采用各种工业除尘系统，通过加湿以降低空气中粉尘的悬浮量；采用吸收、吸附、冷凝和燃烧等净化工艺，处理含有毒物质的工艺气体，降低有毒物质的浓度，都是重要的工艺措施。密闭、隔离措施是将发生源屏蔽起来，尽量减少人员与发生源的接触机会。例如，尽量采用密闭化、连续化、机械化操作和自动控制；建立隔离室，将操作人员与生产设备隔离并与局部通风结合。

预防粉尘和有毒物质泄漏是预防尘肺病、职业中毒等职业病的基本措施。以上工程措施和安全生产中的危险源控制措施是相同或类似的。生产经营单位应当对职业危害防护设施进行经常性的维护、检修和保养，定期检测其性能和效果，确保其处于正常状态。不得擅自拆除或者停止使用职业危害防护设施。任何生产经营单位不得使用国家明令禁止使用的可能产生职业危害的设备或者材料。要像抓安全生产一样，建立、健全并严格执行职业危害防治责任制度和职业危害防护设施维护检修制度。

（二）接触者控制原则

接触者控制原则及优先措施是：劳动组织管理、培训教育、个体医学监护、配备个人防护用品以及维护管理等。

在同样环境中从事同一种劳动，不同劳动者所受到的职业性伤害程度差别较大，这主要与劳动者个体危险因素有关。劳动人群中，具有个体危险因素、容易得职业性伤病者，称为易感者或高危人群。个体危险因素包括遗传因素，有某些遗传疾病或过敏的人，易受有毒物质影响。老年、少年与妇女对于某些职业性有害因素较敏感，要特别注意怀孕期和哺乳期的妇女。营养缺乏和身体有某些疾病或精神因素，也容易受毒物影响。有吸烟、嗜酒等不良习惯的人，受职业性有害因素影响的概率较大。在职工中鉴别易感者，弄清不同有害岗位的职业禁忌证，合理调配工作岗位，是预防职业性危害的重要措施。劳动者从事特定职业或者接触特定职业病危害因素时，比一般职业人群更易于遭受职业病危害和罹患职业病，或者可能导致原有自身疾病病情加重，或者在作业过程中诱发可能导致对他人生命健康构成危险的疾病等，这些个人特殊生理或病理状态称为职业禁忌证。例如，血液疾病是接触苯作业的禁忌证，肺结核是接触硅尘作业的禁忌证。用人单位不得安排未经上岗前职业健康检查的劳动者从事接触职业病危害的作业；不得安排有职业禁忌的劳动者从事其所禁忌的作业；发现有与所从事职业相关的健康损害的劳动者，应调离原工作岗位，并妥善安置；对未进行离岗前职业健康检查的从业人员，不得解除或终止与其订立的劳动合同。生产经营单位不得安排未成年职工从事接触职业危害的作业；不得安排孕期、哺乳期的女职工从事对本人和胎儿、婴儿有危害的作业。

生产经营单位应当建立、健全职业健康宣传教育培训制度；对从业人员进行上岗前的职业健康培训和在岗期间的定期职业健康培训，普及职业健康知识，督促从业人员遵守职业危害防治的法律、法规、规章、国家标准、行业标准和操作规程。

生产经营单位必须为从业人员提供符合国家标准、行业标准的职业危害防护用品，并督促、教育、指导从业人员按照使用规则正确佩戴、使用防护用品，不得以发放钱物替代发放职业危害防护用品。单位应当建立、健全从业人员防护用品管理制度，对职业危害防护用品进行经常性维护、保养，确保防护用品有效。不得使用不符合国家标准、行业标准或者已经失效的职业危害防护用品。

（三）传播途径控制原则

传播途径的控制对策及优先措施是：清理、全面通风、密闭、自动化远距离操作、监测及维护管理。其指导思想也是尽可能避免人员与发生源接触和降低职业性有害因素的作用强度，但控制的重点是劳动环境。控制传播途径必须经常进行劳动环境测定。厂房通风在预防职业病中的作用是多方面的，不仅可以降低厂房内有害气体及粉尘的浓度，高温高湿车间可通风降温降湿，以保障劳动者的健康。

三、劳动环境测定

劳动环境测定是指对劳动环境中各种有害因素和不良环境条件的测定，是劳动环境评价的依据。劳动环境中有害因素测定的基本方法是：测定劳动者接触有害因素的时间和有害因素的强度（浓度），根据有害因素的种类，按照相应的国家标准、行业标准和岗位劳动评价标准做出评价。企业应当建立、健全职业危害日常监测管理制度，设专人负责作业场所职业危害因素日常监测，保证监测系统处于正常工作状态。

（一）有害因素职业接触限值

国家相关标准适用于工业企业卫生设计，也适用于职业卫生监督检查等，但不适用于非职业性接触。有关单位应根据这两个标准，监测工作场所环境污染情况，评价工作场所卫生状况、劳动条件以及劳动者接触有害因素的程度，也可用于评估生产装置泄漏情况，评价防护措施效果等。

（二）有害因素的监测方法

在实施职业卫生监督管理、评价工作场所有害因素职业危害或个人接触状况时，一般使用时间加权平均容许含量。应按照国家颁布的相关测量方法进行测量和分析。有害因素的测定时间、地点等要有代表性，要能科学、真实地反映被评价岗位劳动者接触有害因素的实际情况，为有害因素的分级评价提供可靠依据。有害因素测定时间、地点等是根据岗位的性质、工序、位置和接触情况确定的。测定点放置测定仪器的具体位置一般应尽量接近劳动者的作业位置，并处于下风侧或浓度（强度）有代表性的位置。粉尘和毒物采样器的采样头应处于呼吸带高度，高温和辐射测定的探头处于胸部高度，噪声场测定的传声器应处于耳部高度。

四、职业健康监护

工程措施不一定能消除或完全控制职业性有害因素，此时必须采取个体防护措施。除了上述接触者控制措施之外，更重要的是，对在具有职业危害因素的场所工作的职工，企业要进行职业健康监护。职业健康监护主要包括职业健康检查和职业健康监护档案管理等内容。职业健康检查包括上岗前、在岗期间、离岗时和离岗后的医学随访以及应急健康检查。职业健康监护的目的是早期发现职业病、职业健康损害和职业禁忌证；根据劳动者的职业接触史，通过定期或不定期的医学健康检查和健康相关资料的收集，连续性地监测劳动者的健康状况；分析劳动者健康变化与所接触的职业病危害因素的关系，并及时将健康检查和资料分析结果报告给用人单位和劳动者本人，以便及时采取干预措施，保护劳动者健康；评价职业健康损害与作业环境中职业病危害因素的关系及危害程度。

根据国家职业卫生标准，用人单位有以下六项责任和义务：

①应根据国家有关法律、法规，结合生产劳动中存在的职业病危害因素，建立职业健康监护制度，保证劳动者能够得到与其所接触的职业病危害因素相应的健康监护。

②应根据职业病防治法的有关规定，制订本单位的职业健康监护工作计划。应选择并委托经省级卫生行政部门批准的具有职业健康检查资质的机构，对本单位接触职业病危害因素的劳动者进行职业健康检查。

③建立、健全从业人员职业健康监护档案管理制度。由专人负责管理职业健康监护档案，并按照规定的期限妥善保存，要确保医学资料的机密和维护劳动者的职业健康隐私权、保密权。从业人员离开单位时，有权索取本人职业健康监护档案复印件，生产经营单位应当如实、无偿提供，并在所提供的复印件上签字盖章。

④应保证从事职业病危害因素作业的劳动者能按时参加安排的职业健康检查，劳动者接受健康检查的时间应视为正常出勤。

⑤用人单位应安排即将从事接触职业病危害因素作业的劳动者进行上岗前的健康检查，但应保证其就业机会的公正性。

⑥应根据企业文化理念和企业经营情况，鼓励制定比国家规范更高的健康监护实施细则，以促进企业可持续发展，特别是人力资源的可持续发展。

预防职业性危害除了技术措施之外，各种管理措施也非常重要。多数预防职业性危害的技术和管理措施，还要结合具体职业性有害因素进行探讨。关于预防中毒的工程技术措施，已经在第四章做了详细讨论。本章讨论的职业病危害的预防控制对策，同样适用于职业中毒导致的职业病。

第二节　粉尘危害及防护

一、粉尘的来源和分类

（一）粉尘的含义

粉尘是指能够较长时间悬浮于空气中的固体微粒。粉尘按其性质可分为：无机粉尘

（含矿物性粉尘、金属性粉尘、人工合成的无机粉尘），有机粉尘（含动物性粉尘、植物性粉尘、人工合成的有机粉尘），混合性粉尘（混合存在的各类粉尘）。生产性粉尘的形成方式有以下几种：固体的机械粉碎、磨粉过程；物质的不完全燃烧过程可产生炭粉尘；固体的钻孔、切削、锯断过程；固体化工产品本身呈粉状，在包装、运输等环节都可能与人员接触。

粉尘的危害有两个方面：一方面，部分可燃性粉尘与空气混合，可以形成爆炸性气体；另一方面，就是对于人体健康的危害。对工业粉尘如果不加以控制，它将破坏作业环境，危害工人身体健康和损坏机器设备，还会污染大气环境。

（二）粉尘的来源及分类

粉尘来源广泛，种类繁多，包括矽尘、煤尘、石墨粉尘、炭黑粉尘、铝尘、滑石粉尘、水泥粉尘、云母粉尘、陶土粉尘和石棉粉尘等五十余种。

粉尘的分类及主要来源：

粉尘主要分为无机粉尘、有机粉尘和混合粉尘三类。

无机粉尘主要来源于矿山、冶金、机械制造和建材行业。矿山行业产生粉尘的工段主要有开采、凿岩、爆破、运输和隧道开凿等。冶金行业产生粉尘的工段主要有金属熔化、矿石粉碎、筛分、选矿和冶炼。机械制造行业产生粉尘的工段主要有原料破碎、配料、清砂和焊接作业等。建材行业产生粉尘的工段主要有耐火材料、玻璃、水泥和陶瓷等工业的原料加工、打磨等。

有机粉尘主要来源于纺织和印染、精细化工、食品加工和木材加工行业。纺织和印染行业产生粉尘的工段主要有合成纤维、有机染料、棉纤维和羊毛纤维加工。精细化工行业产生粉尘的工段主要有合成表面活性剂、有机纤维、有机农药、橡胶和塑料等生产过程、原料配比和反应。食品加工行业产生粉尘的工段主要有面粉、淀粉和糖等粉碎加工。木材加工行业产生粉尘的工段主要有木材原料粉碎工段。

混合粉尘主要来源于化工行业。该行业产生粉尘的工段主要是无机原料与有机原料制备复合材料过程。

二、粉尘对人体的危害

（一）尘肺

尘肺是长期吸入生产性无机粉尘，主要是矿物性粉尘而致的以肺组织纤维化病变为主的一类全身性疾病的统称，其病理特点是肺组织发生弥漫性、进行性的纤维组织增生，引起呼吸功能严重受损而致劳动能力下降乃至丧失。游离二氧化硅具有极强的细胞毒性和致纤维化作用，因此，粉尘中游离二氧化硅含量的多少和该类粉尘致纤维化的程度密切相关。矽肺是纤维化病变最严重、进展最快、危害最大的尘肺。粉尘的致纤维化作用是粉尘对人体健康危害最大的生物学作用。此外，铍及其氧化物粉尘引起的慢性铍病也是以肺组织纤维化为主要病理改变的。

目前共有 12 种尘肺，分别是矽肺、石棉肺、滑石尘肺、水泥尘肺、云母尘肺、煤工尘肺、石墨尘肺、炭黑尘肺、陶工尘肺、铸工尘肺、电焊工尘肺和铝尘肺；另外，还有其他尘肺。

（二）其他呼吸系统疾病

1. 粉尘沉着症

某些生产性粉尘，如锡尘、钡尘、铁尘、锑尘，沉积于肺部后，可引起一般性异物反应，并继发轻度的肺间质非胶原型纤维增生，但肺泡结构保留。脱离接尘作业后，病变并无进展甚至会逐渐减轻，X 射线阴影消失。

2. 有机粉尘所致呼吸系统疾患

吸入棉、亚麻等粉尘可引起棉尘病；吸入被真菌、细菌或血清蛋白等污染的有机粉尘可引起职业性变态反应性肺泡炎；吸入被细菌毒素污染的有机粉尘也可引起有机粉尘毒性综合征；吸入聚氯乙烯、人造纤维粉尘可引起非特异性慢性阻塞性肺病等。

3. 其他疾患

粉尘性支气管炎、肺炎、哮喘性鼻炎、支气管哮喘等。

（三）局部作用

粉尘对呼吸道黏膜可产生局部刺激作用，引起鼻炎、咽炎、气管炎等。刺激性强的粉尘（如铬酸盐尘等）还可引起鼻腔黏膜充血、水肿、糜烂、溃疡等。金属磨料粉尘可引起角膜损伤，粉尘堵塞皮肤的毛囊、汗腺开口可引起粉刺、毛囊炎、脓皮病等，沥青可引起光感性皮炎。

（四）中毒作用

铅、砷、锰等粉尘可在呼吸道黏膜很快溶解吸收，导致中毒。

（五）肿瘤

吸入石棉、放射性矿物质、镍、铬酸盐粉尘等可致肺部肿瘤或其他部位肿瘤。

三、粉尘的理化性质

粉尘对人体的危害程度与其理化性质有关，与其生物学作用及防尘措施等也有密切关系。在卫生学上，常用的粉尘理化性质包括粉尘的化学成分、分散度、溶解度、密度、形状、硬度、荷电性和爆炸性等。

（一）粉尘的化学成分

粉尘的化学成分、浓度和接触时间是直接决定粉尘对人体危害性质和严重程度的重要因素。根据化学性质的不同，粉尘对人体可有致纤维化、中毒、致敏等作用。

（二）分散度

粉尘的分散度是表示粉尘颗粒大小的一个概念，它表示物质的粉碎程度，尘粒越小，其分散度越高。它与粉尘在空气中呈浮游状态存在的持续时间（稳定程度）有密切关系。在生产环境中，由于气流、通风、热源、机器转动以及人员走动等原因，使空气经常流动，从而使尘粒沉降变慢，延长其在空气中的浮游时间，被人吸入的机会就更多。直径小于 5μm 的粉尘对机体的危害性较大，也易于达到呼吸器官的深部。

（三）荷电性

高分散度的尘粒通常带有电荷，与作业环境的湿度和温度有关。尘粒带有相异电荷时，可促进凝集、加速沉降。粉尘的这一性质对选择除尘设备有重要意义。

（四）爆炸性

高分散度的化工聚合树脂粉料等粉尘具有爆炸性，某些粉尘在空气中的浓度达到爆炸极限时，遇到火源能发生爆炸。在有爆炸性粉尘存在的场所，一定要采取防爆措施。

四、粉尘的最高允许浓度

该浓度是从卫生学角度考虑确定的，粉尘中游离的二氧化硅对人的危害最大，因此，粉尘的最高允许浓度大部分以二氧化硅含量多少而定。生产环境中的粉尘浓度超过最高允许浓度时，必须采取防尘、除尘措施，使之降至最高允许浓度以下。

五、粉尘危害的防护

根据我国多年防尘的经验，粉尘的治理是采用工程技术措施消除和降低粉尘危害，这是治本的对策，是防止尘肺发生的根本措施。要有效预防粉尘危害，必须采取综合措施，包括组织措施、技术措施及卫生保健措施。以下总结出了八字综合防尘措施。

（一）革

即工艺改革和技术革新，这是消除粉尘危害的根本途径。

（二）水

即湿式作业，可防止粉尘飞扬，降低环境粉尘浓度。

（三）风

加强通风及抽风措施，常在密闭、半密闭发尘源的基础上，采用局部抽出式机械通风，将工作面的含尘空气抽出，并可同时采用局部送入式机械通风，将新鲜空气送入工作面。

（四）密

将发尘源密闭，对产生粉尘的设备，尽可能在通风罩中密闭，并与排风结合，经除尘处理后再排入大气。

（五）护

即个人防护，当防尘、降尘措施难以使粉尘浓度降至国家标准水平以下时，应佩戴防尘护具。

（六）管

维修管理。

（七）查

粉尘接触者应定期进行体格检查。

（八）教

加强宣传教育。

六、职业粉尘危害防护措施

目前我国的小型煤矿企业未设置职防所，无职业病防治相关的工作人员，其职业病防治工作基本上与大型煤矿联合开展，不能独立开展职业病防治工作。虽然我国大型煤矿企业都设置了职防所以及职业病防治相关的工作人员，但是对职业危害防治管理不到位，存在相关专业人员配备不足、检测设备仪器不全或年久失修等问题，基本的职防工作开展得不是很好。从职防所的技术水平分析，职防技术水平发展不平衡，有些职防机构的技术水平不能满足尘肺病防治工作的需要。

各煤炭企业的基本防尘设施主要包括通风、水雾和湿式凿岩、放炮喷雾等，已建立了较为完善的粉尘防治体系，采煤工作面、掘进工作面湿式打眼和水喷雾降尘，主巷道掘进工作面安装风流净化水幕等。建立综合防尘系统，定期考核检查。但是，防尘设施在现场工作场所的真正落实上，管理力度不够强，有的矿能做到严格考核，有的矿只是做了一些表面工作而已。

从煤矿为煤矿接尘工人提供的防护用品来看，各煤矿企业的防护用品、发放标准等不统一。一些煤矿企业按照原来的标准；一些煤炭企业在之前煤炭行业标准的基础上增加了劳动防护用品的种类，并对发放期限做了一些调整；也有一些煤矿企业自己决定劳动防护用品的管理及发放标准。总体而言，经济较发达地区要好于经济不发达地区，国有大型煤矿要好于地方煤矿。总体来看，煤矿企业劳动防护用品的管理、分配和使用方面存在非常大的差异，主要表现在不同规模、不同经济类型、不同地区的煤矿企业之间存在差异。

第三节　化学灼伤及防护

一、灼伤及其分类

身体受热源、冷源或化学物质的作用，引起局部组织损伤，并进一步导致病理和生理变化的过程称为灼伤。按发生原因的不同，可分为化学灼伤、热力灼伤和复合性灼伤。

（一）化学灼伤

由于化学物质直接接触皮肤所造成的损伤，称为化学灼伤。化学物质与皮肤或黏膜接触后产生化学反应并具有渗透性，对组织细胞产生吸水、溶解组织蛋白质和皂化脂肪组织的作用，从而破坏细胞组织的生理机能而使皮肤组织受伤。

1. 强酸灼伤

有强烈的刺激腐蚀作用，皮肤黏膜组织细胞脱水，蛋白凝固变性，形成一层不溶性的酸性蛋白结痂，阻止余酸向深层组织侵犯，故病变除氢氟酸外，常以Ⅱ度烧伤多见。局部灼痛，肿胀较重，溃疡界限清楚，表面干燥。硫酸烧伤，创面初呈潮红，继而发黑或呈深棕色；硝酸烧伤呈黄色或褐色，可起水疱；盐酸烧伤则呈白色或黄色。如误服酸类，则可立即出现恶心、呕吐等症状，消化道有烧灼感并疼痛。

2. 强碱灼伤

有强烈的吸水性，使皮肤细胞脱水。有时皮肤呈腻滑状，而损伤已超过皮肤全层，往往造成对烧伤深度估计不足。烧伤局部可起水疱、肿胀、灼痛，继而糜烂而溃疡，界限不清，表面皮肤先呈白色，继而呈红色或棕色，渗液较多。局部组织可形成碱性蛋白化合物，细胞脱水，脂肪化和溶解。误服也可引起恶心、呕吐等症状。

（二）热力灼伤

由于接触炽热物体、火焰、高温表面、过热蒸汽等造成的损伤称为热力灼伤。此外，由于液化气体、干冰等接触皮肤后会迅速汽化或升华，同时吸收大量热量，以致引起皮肤表面冻伤，这种情况称为冷冻灼伤，属于热力灼伤。

（三）复合性灼伤

由化学灼伤和热力灼伤同时造成的伤害，或化学灼伤兼有中毒反应等都属于复合性灼伤。如磷落在皮肤上引起的灼伤，既有磷燃烧生成的磷酸造成的化学灼伤，同时还有磷由皮肤侵入导致的中毒。

二、化学灼伤的预防措施

化学灼伤常常是伴随生产中的事故或由于设备发生腐蚀、开裂、泄漏等造成的，它与安全管理、操作、工艺和设备等因素有密切关系。因此，为避免发生化学灼伤，必须采取综合性管理和技术措施，防患于未然。

（一）采取有效的防腐蚀措施

在化工生产过程中，由于强腐蚀介质的作用及生产过程中高温、高压、高流速等条件对设备管道会造成腐蚀，因此加强防腐，杜绝“跑、冒、滴、漏”是预防灼伤的重要措施之一。

（二）改革工艺和设备结构

使用具有化学灼伤危险物质的生产场所，在工艺设计时就应该预先考虑到防止物料喷溅的合理流程、设备布局、材质选择及必要的控制和防护装置。

（三）加强安全性预测检查

使用先进的探测探伤仪器等定期对设备管道进行检查，及时发现并正确判断设备腐蚀损伤部位与损坏程度，以便及时消除隐患。

（四）加强安全防护措施

加强安全防护措施，如储槽敞开部分应高于地面 1m 以上，如低于 1m 时，应在其周围设置护栏并加盖，防止操作人员不小心跌入；禁止将危险液体盛入非专用和没有标志的容器内；搬运酸、碱槽时，要两人抬，不得单人背运等。

（五）加强个人防护

在处理有灼伤危险的物质时，必须穿戴工作服和防护用具，如护目镜、面具或面罩、手套、毛巾、工作帽等。

三、化学灼伤的现场急救

化学灼伤的程度与化学物质的性质、接触时间、接触部位等有关。化学物质的性质越活泼，接触时间越长，受损程度越深。因此，当化学物质接触人体组织时，应迅速脱去衣服，立即使用大量清水冲洗创面，冲洗时间不得少于 15min，以利于渗入毛孔或黏膜的物质被清洗出去。清洗时要遍及各受害部位，尤其要注意眼、耳、鼻、口腔等处。对眼睛的冲洗一般用生理盐水或清洁的自来水，冲洗时水流不宜正对角膜方向，不要搓揉眼睛，也可将面部浸在清洁的水盆里，用手撑开上下眼皮，用力睁大眼睛，头在水中左右摆动。其他部位的灼伤，要先用大量清水冲洗，然后用中和剂洗涤或温敷，用中和剂时间不宜过长，并且必须再用清水冲洗掉。完成冲洗后，应将人员及时送往医院，由医生进行诊治。

要着重说明的是，若试剂进入眼中，且若是碱性试剂，须用饱和硼酸溶液或1%醋酸溶液冲洗；若是酸性试剂，须先用大量清水冲洗，然后用碳酸氢钠溶液冲洗，再滴入少许蓖麻油。严重者送往医院治疗。若一时找不到上述溶液而情况危急时，可用大量蒸馏水或自来水冲洗，再送往医院治疗。

近年来，洗眼器在国内多数实验室采用。当发生有毒有害物质（如化学液体等）喷溅到工作人员眼睛时，采用洗眼器能将危害降到最低限度。但是，洗眼器只适用于紧急状况下，只能暂时减缓有害物质对眼睛的损害，进一步的处置和治疗仍需医生指导。目前，化学实验室常用的洗眼器按照安装方式可分为台式、立式、壁挂式及复合式四种。使用方法为：①将洗眼器的盖移开；②推出手掣；③用食指及中指将眼睑翻开并固定；④将头向前，用清水冲洗眼睛至少15min；⑤及时到医院或医务室就诊。

（一）一般化学灼伤的急救处理方法

一般化学灼伤的急救处理方法主要有：

如被碱类物质灼伤，如氢氧化钠、氢氧化钾、碳酸钠、碳酸钾、氧化钙等，立即用大量清水冲洗，然后用2%醋酸溶液洗涤中和，也可以用2%的硼酸水湿敷。氧化钙灼伤时，可以用植物油洗涤。

如被酸类物质灼伤，如硫酸、盐酸、高氯酸、磷酸、甲酸、草酸、苦味酸等，立即用大量清水冲洗，然后用5%碳酸氢钠（小苏打）溶液洗涤中和，再用清水冲洗。

如被碱金属、氰化物、氢氰酸物质灼伤，立即用大量清水冲洗，然后用0.1%高锰酸钾溶液冲洗，再用5%硫化铵溶液冲洗，最后用清水冲洗。

如被溴灼伤，立即用大量清水冲洗，再用10%硫代硫酸钠溶液冲洗，然后涂5%碳酸氢钠（小苏打）糊剂或用1体积碳酸氢钠（25%）+1体积松节油+10体积酒精（95%）的混合液处理。

如被铬酸灼伤，立即用大量清水冲洗，然后用5%硫代硫酸钠溶液或1%硫酸钠溶液冲洗。没有条件时，也可先用大量清水冲洗，然后用肥皂水彻底清洗。

如被氢氟酸灼伤，立即用大量清水冲洗，直至伤处表面发红，再用5%碳酸氢钠（小苏打）溶液洗涤，然后涂上甘油与氧化镁（2∶1）悬浮剂，或调上黄金散，再用消毒纱布包扎好。也可以用大量清水冲洗后，将灼伤部位浸泡于冰冷的酒精（70%）中1~4h或在两层纱布中央冰冷敷，然后用氧化甘油镁软膏或维生素A和维生素D混合软膏涂敷。

如被白磷灼伤，如有磷颗粒附着在皮肤上，应将局部浸入水中，用刷子清除，不可将创面暴露在空气中或用油脂涂抹；然后用3%的硫酸铜溶液冲洗15min，再用5%碳酸氢钠（小苏打）溶液洗涤，最后用生理盐水湿敷，用纱布包扎。

如被苯灼伤，先用大量清水冲洗，再用肥皂水彻底清洗。

如被苯酚灼伤，先用大量清水冲洗，再用4体积酒精（7%）与1体积氯化铁（0.333mol/L）混合液洗涤，再用5%碳酸氢钠（小苏打）溶液湿敷。

如被硝酸银灼伤，先用大量清水冲洗，再用肥皂水彻底清洗。

如被焦油、沥青（热灼伤）灼伤，先用蘸有乙醚或二甲苯的棉花消除粘在皮肤上的焦油或沥青，然后涂上羊毛脂。

（二）急性化学烧伤急救措施

急性化学烧伤的程度常与皮肤接触的酸碱浓度、范围及烧伤后是否用大量流水冲洗有关。除个别化学品外，一般可采取下列措施：

①立即使用大量流水冲洗创面20～30min（强烈化学品时间要更长），以稀释有毒物质，防止继续损伤和通过伤口吸收。

②药物中和10min后，用清水冲洗掉，因为中和药物本身也有刺激作用。

③无菌包扎，忌用油类和色素药物。

1. 如遇强酸

①大量流水冲洗，特别是浓硫酸与水可产热，故水量要大。

②然后以弱碱性溶液中和，吸入者可雾化吸入2%～5%碳酸氢钠；误服者可口服蛋清、牛奶、豆浆、淀粉糊类等。不能洗胃，也不能服碳酸氢钠，以防胃胀气引起穿孔。

③清创去除已破水疱皮，以防酸液残留继续作用。

2. 如遇强碱

①大量流水冲洗。

②以弱酸如米醋、橘子汁等中和。误服者可服用少量橄榄油等无刺激的缓解剂，避免催吐。洗胃，以免穿孔。

③早期去痂，面积大者可考虑植皮。

3. 化学性眼烧伤

先用清水冲洗30min左右，冲洗时要转动眼球；然后用抗生素眼药水滴眼，为防虹膜炎或虹膜后粘连，可使用扩瞳剂1%阿托品滴眼；局部要做萤光素试验，以了解角膜损伤的部位范围和程度。

第四节 噪声危害及防护

一、噪声的含义及噪声危害的严重性

人们在生活、工作和社会活动中离不开声音。声音作为信息，对传递人们的思维和感情起着非常重要的作用。然而有些声音却干扰人们的工作、学习和休息，影响人们的身心健康。如各种车辆通行时嘈杂的声音，压缩机的进气、排气声音等。这些声音人们是不需要的，甚至是厌恶的。从声学上讲，人们不需要的声音被称为噪声。从物理学上看，无规律、不协调的声音，即频率和声强都不同的声波杂乱组合被称为噪声。

噪声污染和空气污染、水污染、废弃物污染，被称为当今的四大污染。噪声污染面积大，到处可见，如交通噪声污染、厂矿噪声污染（各类机械设备）、建筑噪声污染、社会噪声污染。噪声污染一般不致命，它作用于人们的感官，好像没有后效，即噪声源停止辐射时，噪声立即消失。噪声没有污染物，又不能积累，再利用价值不大，噪声常被人们忽视。在我国，随着工业的迅速发展，噪声污染已越来越严重，给接触噪声的劳动者健康带来了不利影响，因此，正确认识噪声的危害，控制噪声污染，保护劳动者健康已成为全社会的重要任务之一。

二、职业噪声的分类

噪声有工业噪声、交通噪声和环境生活噪声等。

（一）按产生的动力和方式不同划分

按产生的动力和方式的不同，噪声可分为机械性噪声、流体动力性噪声和电磁性噪声。

1. 机械性噪声

机械性噪声指由于机械的转动、摩擦、撞击、车辆的运行等产生的噪声，如纺织机、球磨机、电锯、机床等发出的声音。

2. 流体动力性噪声

流体动力性噪声指由于气体压力发生突变，引起气体分子扰动而产生的噪声，如通风

机、空压机、喷射器、汽笛、锅炉排气等发出的声音。

3. 电磁性噪声

电磁性噪声指由于电机中交变力相互作用而产生的噪声，如发电机、变压器等发出的声音。

（二）按噪声持续时间和出现的形态划分

按噪声持续时间和出现的形态，噪声可分为连续噪声和间断噪声、稳态噪声和非稳态噪声。

1. 稳态噪声

稳态噪声指在长时间内，声音连续不断，而且声音强度相对稳定，声音波动一般不超过 3dB，两声之间的间隔小于 1s。

2. 非稳态噪声

非稳态噪声又可分为起伏噪声、间歇噪声和脉冲噪声。

（1）起伏噪声

起伏噪声是指在观察时间内，采用声级计慢挡动态测量时，声音起伏大于 3dB 且通常小于 10dB 的噪声。

（2）间歇噪声

间歇噪声是指在测量过程中，声级保持在背景噪声之上的、持续时间大于或等于 1s，并多次突然下降到背景噪声级的声音。许多工业噪声，如建筑业以及维修业的噪声属于这一类。

（3）脉冲噪声与撞击噪声

这两种噪声是指声压快速上升到顶峰又快速下降的一种瞬时的噪声。脉冲噪声是指其最大峰值强度的上升时间不大于 35ms，峰值下降 20dB 处的持续时间不大于 500ms，两个脉冲声的时间间隔小于 1s 的单个或多个猝发声组成的噪声。而撞击噪声的声压上升与下降的持续时间都比脉冲时间噪声长些。属于这类噪声中的前者多为武器发射或爆炸声，后者有锤锻和冲压噪声。

（三）按频谱特征和频率特性划分

1. 低频噪声

噪声频率在 300Hz 以下。

2. 中低频噪声

噪声频率在 300~1 000Hz。

3. 中高频噪声

噪声频率为 1 000~2 400Hz。

4. 高频噪声

噪声频率为 2 400~8 000Hz。

三、噪声的危害

噪声是指一切有损听力、有害健康或有其他危害的声响。噪声对人体的危害是多方面的，主要表现在以下几方面：

(一) 损害听觉

短时间暴露在噪声下可引起听觉疲劳，其表现为听力减弱、听觉敏感性下降。长期在噪声的作用下可引起永久性耳聋。噪声在 80dB（A）以下，一般不致引起职业性耳聋；噪声在 80dB（A）以上，对听力有不同程度影响；而噪声在 95dB（A）以上，对听力的影响比较严重。

(二) 引起各种病症

长时间接触高声级噪声，除能引起职业性耳聋外，还可引发消化不良、食欲不振、恶心、呕吐、头痛、心跳加快、血压升高、失眠等全身性病症。

(三) 影响睡眠

噪声在 40dB（A）以下，对人的睡眠基本没有影响；噪声在 55dB（A）以上，会严重影响人的休息和入睡。

(四) 引起事故

强烈的噪声可导致某些机器、设备、仪表损坏或精度下降；在某些特殊场所，强烈的噪声会掩盖警报音响等，容易引起事故。

四、噪声的控制标准

噪声危害的影响因素有噪声的强度和频率。噪声的强度越大、频率越高，对人体的危

害越大；接触噪声的时间越长，职业性耳聋发生的概率越大；性质、强度和频率经常变化的噪声，比稳定的噪声危害大。噪声应按有关规定的方法测量。在噪声测量中，用 A 网络测得的声压级表示噪声的大小称为 A 声级，记作 dB（A）。噪声职业接触限值为 85dB（A），即每周工作 5 天，每天工作 8 小时，稳态噪声限值为 85dB（A）。对于非稳态噪声，每周工作不是 5 天或每天工作不是 8 小时等情况，均须计算各自的等效声级，等效声级的限值均为 85dB（A）。对于脉冲噪声工作场所，还应控制噪声声压级峰值和脉冲次数。

为防治环境噪声污染，保护和改善生活环境，保障人体健康，我国制定了相关防治办法和一系列环境噪声标准，包括户外、室内和环境噪声排放等标准。产生环境噪声污染的工业企业应当采取有效措施，减轻噪声对周围生活环境的影响；在城市范围内向周围生活环境排放工业噪声的，应当符合国家规定的工业企业厂界环境噪声排放标准。

五、噪声控制措施

对于生产过程和设备产生的噪声，应首先从声源上进行控制，如选用低噪声的设备，其次应采用各种工程控制技术措施，使噪声作业劳动者接触噪声声级符合相关规定的要求。仍达不到相关规定要求的，应根据实际情况合理设计劳动作息时间或佩戴个人防护用具。以下为常采用的工程控制技术措施。

（一）厂区布置设计

在厂区布置设计中，产生噪声的车间与非噪声作业车间、高噪声车间与低噪声车间应分开布置。在满足工艺流程要求的前提下，宜将高噪声设备相对集中。噪声与振动较大的生产设备，宜安装在单层厂房内或多层厂房底层，并采取有效的隔声和减振措施。

（二）隔声、吸声建筑设计

产生噪声的车间，应在控制噪声发生源的基础上，对厂房的建筑设计采取减轻噪声影响的措施，注意增加隔声、吸声措施。需要经常观察、监视设备运转的场所，若强噪声源不宜进行降噪处理，为减少噪声的传播，宜设置隔声室。隔声室的天棚、墙体、门窗均应符合隔声、吸声的要求。

（三）采取消声措施

管道设计与调节阀的选型应做到防止振动和噪声，管道截面不宜突变；管道与强烈振动的设备连接处应具有一定的柔性。对辐射强噪声的管道，应采取隔声、消声措施。强噪声气体动力机构的进、排气口敞开时，应在进、排气管的适当位置设置消声器。对噪声超标的放空口也应设置消声器。

(四) 采取减振措施

产生强振动或冲击的机械设备，其基础应单独设置，并宜采取减振降噪措施。

六、噪声劳动保护用品

佩戴个人防护用具可以减缓噪声对听力的损害。噪声劳动保护用品有耳塞、耳罩和防噪声帽盔等。耳塞为插入外耳道的一种栓塞，要求能密塞外耳道而又不引起刺激或压迫感，常用塑料或橡胶制作，形式很多。过去最普通的耳塞，入耳道的一端为鸡心状，有中空者，也有实心者，备有各种大小尺寸。另有用在常温下呈胶体状的硅橡胶，直接注入使用者外耳道内，稍待片刻，凝成弹性体的耳塞，该塞可完全吻合于使用者的耳道。也有用柔化处理的超细纤维玻璃棉作为耳塞，应选用松软且不含粗纤维杂质的，还要外包多孔塑料纸，使其不易散落。目前，市售最简单有效者为塑制海绵圆柱体，富有弹性且柔软，用时捏紧塞入耳道，然后待其自行弹起，可适应于不同型号耳道。有研究指出，耳塞在低频段的降噪能力高于耳罩。

耳罩常以塑料制，面呈矩形杯碗状，内具泡沫或海绵垫层，覆盖于双耳，两杯碗间连以富有弹性头带（弓架），使紧夹于头部。耳罩能罩住部分乳突骨和一部分颅骨，有助于降低一小部分能经骨传导到达内耳的噪声。现国产已有弓架与罩体联结采用可定位的方向支承结构，可转动 360°，使弓架可定位于头上、颚下和颈后。

防噪声帽盔能覆盖大部头骨，以防止强烈噪声经空气和骨传导而到达内耳，帽盔两侧耳部常垫衬防声材料，以加强防护效果。对防噪声用具（耳塞、耳罩、帽盔）的选用，应考虑作业环境中噪声的强度、性质及各种防噪声用具衰减噪声的性能。如对稳态噪声，其强度在 110dB（A）以下，且其频率为 1 000～3 000Hz 者，单用耳塞或耳罩即可。如噪声过强，即便为低频（低于 1 000Hz），则宜戴帽盔或并用耳塞和耳罩，耳塞和耳罩两者并用的降噪声效果比单独使用高 6～18dB（A）。

七、防振动

化工企业发生振动的主体主要是设备或其部件、管道和仪表等，导致它们持续振动的能量带来自动机械噪声。除了产生噪声之外，振动的其他危害还可能导致振动主体某部位磨损或紧固件（如螺帽）松动等。工业企业设计中，宜选用振动较小的设备，使振动强度符合相关规定的要求，避免振动对健康的影响。产生振动的车间，应在控制振动源的基础上，在厂房建筑设计中采取减轻振动影响的措施。产生强振动或冲击的机械设备，其基础应单独设置，并宜采取减振降噪措施。采用工程控制技术措施仍达不到要求的，应合理设计劳动作息时间，并采取适宜的个人防护措施。

第五节　高温危害及防护

一、高温作业含义

高温作业是指在高气温或有强烈热辐射或伴有高气温相结合的异常气象条件下的作业。一般按照 WBGT 指数来确定高温作业职业接触限值。WBGT 指数亦称为湿球黑球温度（℃），是表示人体接触生产环境热强度的一个经验指数，它采用自然湿球温度（tnw）、黑球温度（tg）和干球温度（ta）三个参数，由下列公式计算：

$$\text{室内作业：} WBGT=0.7tnw+0.3tg \tag{6-1}$$

$$\text{室外作业：} WBGT=0.7tnw+0.2tg+0.1ta \tag{6-2}$$

在生产劳动过程中，工作地点平均 WBGT 指数≥25℃的作业称高温作业。接触高温作业的累积时间满 8h，体力劳动强度为Ⅳ级时，WBGT 指数限值为 25℃；体力劳动强度每降低一级或接触高温作业的累积时间每减少 25%，WBGT 指数限值提高 1~2℃。

（一）高温、强热辐射作业

如冶金工业的炼焦、炼铁、轧钢等车间，机械制造工业的铸造、锻造、热处理等车间。陶瓷、玻璃、搪瓷、砖瓦等工业的炉窑车间，火力发电厂和轮船的锅炉间等。这些生产场所的气象特点是高气温、热辐射强度大，而相对湿度较低，会形成干热环境。

（二）高温、高湿作业

其特点是高气温、高气湿，而热辐射强度不大。主要是由于生产过程中大量水蒸气或生产上要求车间内保持较高的相对湿度所致。例如，印染、缫丝、造纸等工业中液体加热或蒸煮时，车间气温可达 35℃以上，相对湿度常达 90%以上。潮湿的深矿井内气温可达 30℃以上，相对湿度可达 95%以上。如通风不良就形成高温、高湿和低气流的不良气象条件，亦即湿热环境。

（三）夏季露天作业

夏季在建筑、搬运等露天作业中，除受太阳辐射作用外，还受被加热的地面和周围物体放出的热辐射作用。露天作业中的热辐射强度虽较高温车间低，但其作用持续时间较长，加之中午前后气温升高，又形成高温、热辐射的作业环境。

二、高温作业的危害

（一）高温作业对机体生理功能的影响

1. 体温调节

在高温环境劳动时，人的体温调节主要受气象条件和劳动强度的共同影响。气象条件的诸因素中，气温和热辐射起主要作用。

在高温环境，当中心血液温度增高时，热敏感的下丘脑神经元发放冲动增加，会导致皮肤血管扩张，皮肤出汗。大量血液携带热由内脏流向体表，热在皮肤经对流和蒸发散去。正常体温得以维持。若环境温度高于皮肤温度（皮肤温度平均为35℃），机体只能通过蒸发途径散热，湿热环境又可降低蒸发散热的效率。从环境受热加上劳动代谢产热明显超过散热时，机体会蓄热，体温可能上移并稳定在较高的平衡点上（如中心体温39℃），此时机体处于高度的热应激状态；如果热接触是间断的，体内蓄积的热可在间期内散发出去而缓解。蓄热过量，超过体温调节能力，可能出现过热而中暑。

2. 水盐代谢

环境温度越高，劳动强度越大，人体出汗则越多。汗液的有效蒸发率在干热有风的环境中高达80%以上，散热良好。但在湿热风小的环境，有效蒸发率则经常不足50%，汗液难以蒸发，往往成汗珠淌下，不利于散热。皮肤潮湿、角质渍汗而膨胀，阻碍汗腺孔的正常作用，促使更多地淌汗。一般高温工人一个工作日出汗量可达3 000~4 000g，经汗排出盐达20~25g，故大量出汗可致水盐代谢障碍。出汗量是高温工人受热程度和劳动强度的综合指标，一个工作日出汗量6L为生理最高限度，失水不应超过体重的1.5%。

3. 循环系统

高温环境下从事体力劳动时，心脏要向高度扩张的皮肤血管网输送大量血液，以便有效散热。一方面，要向工作肌输送足够的血液，以保证工作肌的活动，且要维持适当的血压；另一方面，由于出汗丧失大量水分和体液转移至肌肉而使有效血容量减少。这种供求矛盾使得循环系统处于高度应激状态。心脏向外周输送血液的能力取决于心输出量，而心输出量又依赖于最高心率和血管血容量。如果高温工人在劳动时已达最高心率，机体蓄热又不断增加，心输出量则不可能再增加来维持血压和肌肉灌流，可能导致热衰竭。

4. 消化系统

高温作业时，消化液分泌减弱，消化酶活性和胃液酸度降低，胃肠道的收缩和蠕动减弱，吸收和排空速度减慢。唾液分泌也明显减少，淀粉酶活性降低。再加上消化道血流减少，大量饮水使胃酸稀释。这些因素均可引起食欲减退和消化不良，胃肠道疾患增多，且工龄越长，患病率越高。

5. 神经系统

高温作业可使中枢神经系统出现抑制，肌肉工作能力低下，机体产热量因肌肉活动减少而下降，负荷得以减轻。因此，可把这种抑制看作是保护性反应。

6. 泌尿系统

高温作业时，大量水分经汗腺排出，肾血流量和肾小球滤过率下降，经肾脏排出的尿液大量减少，有时减少达85%~90%。如不及时补充水分，由于血液浓缩使肾脏负担加重，可致肾功能不全，尿中出现蛋白、红细胞、管型等。

（二）热适应

热适应是指人在热环境工作一段时间后对热负荷产生适应的现象。一般在高温环境中劳动数周时间，机体可产生热适应。热适应的状态并不稳定，停止接触一周左右机体仍返回到适应前的状况，即脱适应。病愈或休假重返工作岗位者应注意重新适应。热适应者对热的耐受能力增强，不仅以可提高高温作业的劳动效率，而且有助于防止中暑。但人体热适应有一定限度，超出限度仍可引起生理功能紊乱。因此，不能放松防暑保健工作。

（三）中暑

中暑是高温环境下由于热平衡和（或）水盐代谢紊乱等而引起的一种以中枢神经系统和（或）心血管系统障碍为主要表现的急性热致疾病。中暑的致病因素主要是环境温度过高、湿度大、风速小、劳动强度过大、劳动时间过长。过度疲劳、未热适应、睡眠不足、年老、体弱、肥胖都易诱发中暑。

中暑根据发病机制可分为三种类型。

1. 热射病

热射病是人体在热环境下，散热途径受阻，体温调节机制失调所致。其临床特点为突然发病，体温升高可达40℃以上，开始时大量出汗，以后出现“无汗”，并伴有干热和意识障碍、嗜睡、昏迷等中枢神经系统症状。病死率很高。

2. 热痉挛

热痉挛由大量出汗，体内钠、钾过量丢失所致。主要表现为明显的肌肉痉挛，伴有收缩痛。痉挛以四肢肌肉及腹肌等经常活动的肌肉为多见，尤以腓肠肌为最常见。痉挛常呈对称性，时而发作，时而缓解。患者神志清醒，体温多正常。

3. 热衰竭

在高温、高湿环境下，皮肤血流的增加不断伴有内脏血管收缩或血容量的相应增加，因此不能足够地代偿，致脑部暂时供血减少而晕厥。热衰竭一般起病迅速，先有头昏、头痛、心悸、出汗、恶心、呕吐、皮肤湿冷、面色苍白、血压短暂下降，继而昏厥，体温不高或稍高。通常休息片刻即可清醒，一般不会循环衰竭。

在这三种类型的中暑中，热射病最为严重，即使救治迅速，仍有20%～40%的病人死亡。

三、消除高温职业危害的措施

消除高温职业危害应优先采用先进的生产工艺、技术，减少生产过程中热和水蒸气的释放，并使操作人员作业地点远离热源。其次，应根据具体条件采取有利于隔热、通风、降温的设计，使作业地点WBGT指数符合相关规定的要求。对于达不到标准要求的，应根据实际接触情况采取必要的劳动管理措施，改善作业方式。

（一）优化车间热源布局设计，使作业地远离热源

热源应尽量布置在车间外面。采用热压为主的自然通风时，热源应尽量布置在天窗的下方；采用穿堂风为主的自然通风时，热源应尽量布置在夏季主导风向的下风侧。热源布置应便于采用各种有效的隔热及降温措施。车间内发热设备设置应按车间气流具体情况确定，一般宜在操作岗位夏季主导风向的下风侧、车间天窗下方的部位。

（二）优化建筑设计，加强自然通风

应根据夏季主导风向设计高温作业厂房的朝向，使厂房能形成穿堂风或能增加自然通风的风压。高温作业厂房平面布置呈“L”形、“Ⅱ”形、“Ⅲ”形的，其开口部分宜位于夏季主导风向的迎风面。以自然通风为主的高温作业厂房应有足够的进、排风面积。产生

大量热或逸出有害物质的车间，在平面布置上应以其最长边作为外墙。若四周均为内墙时，应采取向室内送入清洁空气的措施。产生大量热、湿气、有害气体的单层厂房的附属建筑物，占用该厂房外墙的长度不得超过外墙全长的30%，且不宜设在厂房的迎风面。夏季自然通风用的进气窗的下端距地面不宜大于1.2m，以便空气直接吹向工作地点；高温作业厂房宜设有避风的天窗，天窗和侧窗宜便于开关和清扫。

（三）采用有效的隔热措施屏蔽热辐射源

对于高温、强热辐射作业，应根据工艺、供水和室内微小气候等条件采用有效的隔热措施，如水幕、隔热水箱或隔热屏等。工作人员经常停留或靠近的高温地面或高温壁板，其表面平均温度不应大于40℃，瞬间最高温度也不宜大于60℃。

特殊高温作业，如高温车间桥式起重机驾驶室、监控室、操作室、炼焦车间拦焦车驾驶室等，应有良好的隔热措施。热辐射强度应小于700W/m^2，室内气温不应大于28℃。

（四）采取有效的降温措施

当高温作业时间较长、工作地点的热环境参数达不到卫生要求时，应采取机械通风等降温措施，一般是对工作地点进行局部通风，有的采用带有水雾的气流。需要注意，采用局部送风降温措施时，对于气流达到工作地点的温度、风速以及某些车间的湿度的控制，均应符合相关卫生标准的要求。

（五）采取必要的劳动管理措施

劳动者在高温季节上岗前及在岗期间都应进行职业健康体检。发现患有Ⅱ期及Ⅲ期高血压、活动性消化性溃疡、慢性肾炎、未控制的甲亢、糖尿病以及大面积皮肤疤痕等高温职业禁忌证者，应及时调离高温作业。

高温作业车间应设有工间休息室。休息室应远离热源，采取通风、降温、隔热等措施，使室内温度小于等于30℃；设有空气调节的休息室，室内气温应保持为24~28℃。对于可以脱离高温作业点的，可设观察室。在工厂内应设置饮水供应设施。当作业地点日最高气温大于等于35℃时，应采取局部降温和综合防暑措施，并应减少高温作业时间。

第六节　辐射危害及防护

一、辐射线的种类

随着科学技术的进步，在工业中越来越多地接触和应用各种电磁辐射能和原子能。由电磁波和放射性物质所产生的辐射，根据其对原子或分子是否形成电离效应而分成两大类，即电离辐射和非电离辐射。

不能引起原子或分子电离的辐射称为非电离辐射。如紫外线、红外线、射频电磁波、微波等，都是非电离辐射。

电离辐射是指能引起原子或分子电离的辐射。如 α 粒子、β 粒子、X 射线、γ 射线、中子射线的辐射，都是电离辐射。

（一）紫外线

紫外线在电磁波谱中介于 X 射线和可见光之间的频带，波长为 $7.6\times10^{-9}\sim4.0\times10^{-7}$m。自然界中的紫外线主要来自太阳辐射、火焰和炽热的物体。凡物体温度达到 1 200℃以上时，辐射光谱中即可出现紫外线。

（二）射频电磁波

任何交流电路都能向周围的空间放射电磁能，形成有一定强度的电磁波。交变电磁场以一定速度在空间传播的过程，称为电磁辐射。当交变电磁场的变化频率达到 100kHz 以上时，称为射频电磁波。射频电磁辐射包括 $1.0\times10^{2}\sim3.0\times10^{7}$kHz 的宽广频带。射频电磁波按其频率大小分为中频、高频、甚高频、特高频、超高频、极高频六个频段。在以下情况中人们有可能接触射频电磁波。

①高频感应加热，如高频热处理、焊接、冶炼、半导体材料加工等。

②高温介质加热，如塑料热合、橡胶硫化、木材及棉纱烘干等。

③微波应用，如微波通信、雷达等。

④微波加热，如用于食物、纸张、木材、皮革以及某些粉料的干燥。

（三）电离辐射柱子和射线

α 粒子是放射性蜕变中从原子核中射出的带正电荷的质点，它实际上是氦核，有两个质子和两个中子，相对质量较大。α 粒子在空气中的射程为几厘米至十几厘米，穿透力较弱，但有很强的电离作用。

β 粒子是由放射性物质射出的带负电荷的质点，它实际上是电子，带一个单位的负电荷，在空气中的射程可达 20m。

中子是放射性蜕变中从原子核中射出的不带电荷的高能粒子，有很强的穿透力，与物质作用能引起散射和核反应。

X 射线和 γ 射线为波长很短的电离辐射。X 射线的波长为可见光波长的十万分之一，而 γ 射线的波长又为 X 射线的万分之一。两者都是穿透力极强的放射线。

二、非电离辐射的危害与防护

（一）紫外线

1. 对机体的影响

紫外线可直接造成眼睛的伤害。眼睛暴露于短波紫外线时，能引起结膜炎和角膜炎，即电光性眼炎。

不同波长的紫外线可被皮肤的不同组织层吸收，数小时或数天后形成红斑。

空气受大剂量紫外线照射后，能产生臭氧，对人体的呼吸道和中枢神经都有一定的刺激，会对人体造成间接伤害。

2. 预防措施

在紫外线发生装置或有强紫外线照射的场所，必须佩戴能吸收或反射紫外线的防护面罩及眼镜。此外，在紫外线发生源附近可设立屏障，或在室内和屏障上涂以黑色，以便吸收部分紫外线，减少反射作用。

（二）射频辐射

1. 对机体的影响

在射频辐射中，微波波长很短，能量很大，对人体的危害尤为明显。微波引起中枢神经机能障碍的主要表现是头痛、乏力、失眠、嗜睡、记忆力衰退、视觉及嗅觉机能低下。微波对心血管系统的影响主要表现为血管痉挛、张力障碍综合征，初期血压下降，随着病情的发展血压升高。长时间受到高强度的微波辐射，会造成眼睛晶体及视网膜的伤害。

2. 预防措施

屏蔽辐射源，屏蔽工作场所，远距离操作以及采取个人防护等。

三、电离辐射的危害与防护

（一）电离辐射的危害

电离辐射对人体的危害是由超过允许剂量的放射线作用在机体的结果。

电离辐射对人体细胞组织的伤害作用，主要是阻碍和伤害细胞的活动机能及导致细胞死亡。

人体长期或反复受到允许放射剂量的照射能使人体细胞改变机能，出现白细胞过多、眼球晶体浑浊、皮肤干燥、毛发脱落和内分泌失调。较高剂量能造成贫血、出血、白细胞减少、胃肠道溃疡、皮肤溃疡或坏死。在极高剂量的放射线的作用下，造成的放射性伤害有以下三种类型。

1. 中枢神经和大脑伤害

主要表现为虚弱、倦怠、嗜睡、昏迷、震颤、痉挛，可在两周内死亡。

2. 胃肠伤害

主要表现为恶心、呕吐、腹泻、虚弱或虚脱，症状消失后可出现急性昏迷，通常可在两周内死亡。

3. 造血系统伤害

主要表现为恶心、呕吐、腹泻，但会很快好转，约 2~3 周无病症之后出现脱发、经常性流鼻血，再度腹泻，造成极度憔悴，2~6 周后死亡。

（二）电离辐射的防护措施

1. 缩短接触时间

从事或接触放射线的工作，人体受到外照射的累计剂量与暴露时间成正比。即受到放射线照射的时间越长，接收的累计剂量越大。

2. 加大操作距离或实行遥控

放射性物质的辐射强度与距离的平方成反比。因此，采取加大距离、实行遥控的办法可以达到防护的目的。

3. 屏蔽防护

采用屏蔽的方法是减少或消除放射性危害的重要措施。屏蔽的材质和形式通常根据放射线的性质和强度确定。

屏蔽 γ 放射线常用铅、铁、水泥、砖、石等，屏蔽 β 射线常用有机玻璃、铝板等。

弱 β 放射性物质，如碳 14（^{14}C）、硫 35（^{35}S）、氢 3（^{3}H），可不必屏蔽；强 β 放射性物质，如磷 35（^{35}P），则要以 1cm 厚塑胶板或玻璃板遮蔽。当发生源发生相当量的二次 X 射线时便须用铅遮蔽。γ 射线和 X 射线的放射源要在有铅或混凝土屏蔽的条件下储存，屏蔽的厚度根据放射源的放射强度和需要减弱的程度而定。

4. 个人防护服和用具

在任何有放射性污染或危险的场所，都必须穿防护工作服，戴胶皮手套，穿鞋套，戴面罩和护目镜。在有吸入放射性粒子危险的场所，要携带氧气呼吸器。在发生意外事故导致大量放射污染或被多种途径污染时，可穿能够供给空气的衣套。

5. 警告牌

射线源处必须设有明确的标志、警告牌和禁区范围。

（三）辐射防护剂

1. 化学类

（1）含硫化合物

S-2 乙基硫代磷酸酯，也就是后来被称为分子防护剂的氨磷汀。20 世纪 90 年代中期被批准为美国宇航员空间辐射防护药物，但其副作用较大，低血压、恶心、呕吐、嗜睡、过敏性皮疹、发热、休克等缺点限制了其开发和使用。

（2）激素类

天然甾体激素或人工合成的非甾体激素在动物试验中表现出辐射防护的作用。

（3）乌司他丁

乌司他丁可以阻止转化生长因子 β 的信号传导途径，从而降低辐射引起的肺部损害。

（4）多酚类化合物

多酚类化合物的防护机理在于改善电离辐射引起的氧化损伤，改善免疫损伤，降低炎症反应，稳定基因组 DNA 和激活抗凋亡通路。

2. 植物和中草药

（1）沙棘

沙棘的抗辐射机理可归因于自由基清除、促进造血干细胞增殖和免疫增强作用。

(2) 白藜芦醇

白藜芦醇具有抗氧化作用，并能降低脂质过氧化水平，清除和抑制自由基的产生，具有抗炎和抗肿瘤作用。

(3) 螺旋藻

螺旋藻能增强骨髓细胞增殖活力。动物研究和临床研究表明，螺旋藻具有调节免疫系统、抗氧化、抗炎及抗肿瘤作用。

(四) 辐射治疗剂

1. 细胞因子

电离辐射能够引起造血系统损伤，减少血液中中性粒细胞和血小板的数量，最终可导致败血症、出血、贫血和死亡。造血生长因子对于缓解骨髓功能衰竭以及刺激造血功能恢复有一定效果。因为其能够抑制细胞凋亡，加速造血干细胞、祖细胞增殖和分化。

2. 间充质干细胞

间充质干细胞可能会改善和修复辐射引发的骨髓基质细胞和造血微环境的损伤，利于造血重建。

总的来说，目前对辐射的危害研究已经比较深入，但目前临床对辐射的防护意识仍然需要普及，尤其是患者，需要医护人员主动提供防护器具，才可以有效减少患者所受辐射剂量。但目前防护器具的种类比较局限，通用的铅衣、铅帽虽然可以有效减少辐射，但防护效果未达到理想化，一部分医护人员发明的防护器具虽然防护效果好于铅衣、铅帽等老式防护器具，但推广较难，所以目前对辐射防护的研究仍然有很大的进步空间。其中辐射防护材料、辐射防护剂以及辐射治疗剂的研究目前有了一定的进展，但如何取得更大的防护将会是未来的研究难点，如何大面积推广新式的辐射防护器具及材料也会是难点之一，值得我们去探究。

第七节　个人防护用品

个人防护用品包括呼吸防护器、防护帽、防护服、防护眼镜、面罩、防噪声用具以及皮肤防护用品等。当工程技术措施还不能消除或完全控制职业性有害因素时，个人防护用品是保障健康的主要防护手段。在不同场合应选择不同类型的个人防护用品，在使用时应加强训练、管理和维护，以便保证其有效性。

一、呼吸防护器

呼吸防护器包括防尘口罩、防毒口罩和防毒面具等，根据结构和作用原理，可分为过滤式呼吸防护器和隔离式呼吸防护器两大类。

（一）过滤式呼吸防护器

过滤式呼吸防护器的作用是过滤或净化空气中的有害物质，一般用于空气中有害物质浓度不很高且空气中含氧量不低于18%的场合。该类防护器又可分为机械过滤式和化学过滤式两种。机械过滤式主要是指防尘口罩，可用于粉尘环境。

化学过滤式呼吸防护器即防毒面具，可用于有毒气体或蒸汽环境。防毒面具的组成包括：一个薄橡皮所制的面罩，上接一个短蛇管，管尾连接一个药罐，或在面罩上直接连接一个或两个药盒，这种形式也称全面罩。如某些有害物质并不刺激皮肤或黏膜，就不用戴面罩，只须用一个连储药盒的口罩（也称半面罩）。无论是面具还是口罩，其吸入和呼出通道都要分开。药罐或罩内用于净化有害物质的滤料视防护对象而不同，如酸雾用钠石灰，氨用硫酸铜，汞用含碘活性炭。活性炭对各种气体和蒸汽都有不同程度的吸附作用，吸附有机化合物的效果一般较无机化合物好，且通常对含碳原子多的有机化合物吸附率较高，吸附芳香族化合物又较脂肪族有效。常用的净化滤料大多数为8~14目的颗粒状物质。目前，我国生产的滤毒罐有各种型号，涂有不同颜色的标记，并标有防护适用范围和更换滤料的时间。有些过滤式呼吸防护器会标明不适用于气味不易觉察或可以与吸附剂产生反应热的有机化合物蒸汽。

（二）隔离式呼吸防护器

隔离式呼吸防护器所需的空气并非现场空气，而是另行供给，故又称供气式呼吸防护器。按其供气的方式又可分为自带式与外界输入式两类。

1. 自带式

自带式，其结构包括一个面罩，面罩连接一段短蛇管，管尾衔接一个供气调节阀，阀另一端接供气罐，供气罐固定于工人背上或前胸，其呼吸通道与外界隔绝。供气罐用耐压的钢板或铝合金板制成，有两种形式：①罐内盛压缩氧气或空气供吸入，呼出的二氧化碳由呼吸通路中预置的药品，如钠石灰等除去，再循环吸入，一般大的压缩氧气罐约可维持2h，小的约可维持0.5h；②罐中盛过氧化物与少量铜盐（做触媒），呼出的水蒸气和二氧化碳发生化学反应，产生氧气供吸入。此类防护器主要用于意外事故时供救灾人员佩戴，或在密不通风且有害物质浓度极高而又缺氧的工作环境中使用。由于过氧化物为强氧化剂，因此，以过氧化物为供气源的自带式呼吸防护器在易燃易爆物质存在的环境下使用时，要注意防止过氧化物供气罐万一损漏而引起事故。另有一种自给正压式空气呼吸保护器，在工作时其面罩内始终保持略高于外界环境气压的压力，使外界有害物质不能进入罩内，且配有提醒佩戴人员气瓶空气即将用完时的报警装置。

2. 外界输入式

外界输入式与自带式不同，外界输入式的供气源不是自身携带，而由风机从别处输送过来。我国现有该类产品的国家标准称其为长管面具，根据其结构又可分为以下两种。

（1）蛇管面具

其组成为一个面罩，面罩接一段长蛇管，蛇管固定置于皮腰带的供气调节阀上，以减轻蛇管对面罩的倚重；而该皮腰带上又可另外连接长绳，以便遇到意外情况时可借助长绳进行救援，故皮腰带又称安全救生带。蛇管末端接一个油水尘屑分离器，其后再接输气的空气压缩机或鼓风机。对于蛇管长度，用手摇鼓风机者不宜超过 50m，用空气压缩机者可达 100~200m，过长阻力太大，且恐中间折叠而妨碍供气。这种蛇管面具的适用范围和主要用途与前述自带空气式呼吸防护器相同，但使用者的活动范围受蛇管长度的限制。蛇管面具也可不用风机输气，即将管尾部置于邻近空气洁净的地方，依赖使用者自身吸气输入空气，但其蛇管长度宜在 8m 左右，最多不应超过 20m，吸气阻力不应超过 588Pa，呼气阻力小于 294Pa，适用于工作活动范围不大而环境空气中有害物质浓度又极高、不能使用过滤式呼吸防护器的场合，这种装置不能供救灾之用。

（2）送气口罩和头盔

该呼吸防护器与蛇管面具的区别在于，用送气口罩或头盔代替蛇管面具。送气口罩为一个吸入与呼出通道分开的口罩，连接一段短蛇管或耐压橡皮管，管尾接于皮腰带上的供气阀。送气头盔能罩住整个头部并伸延至肩部的特殊头罩，以小橡皮管一端伸入盔内供气，另一端也固定于皮腰带上的供气阀。送气口罩与头盔所需供呼吸的空气，可经由安装在附近墙上的空气管路，通过小橡皮管输入，输入空气管路中也应装有油水尘屑分离器，在冬季必要时可附加空气预热器。头盔常用于喷砂等作业，也可用于煤矿采煤作业。对头盔的供气量应使盔内保持轻度正压。送气口罩的适用范围与无鼓风的蛇管面具相同。

二、防护服与防护帽

（一）防护服

1. 静电防护服

静电防护服是为了防止衣服上静电积聚，用防静电织物为面料缝制的工作服。例如，运载火箭加注液氢和液氧的工作人员必须穿戴静电防护服。防静电织物是在纺织时大致等间隔或均匀地混入导电性纤维、防静电合成纤维或者混合交织而成的织物。导电纤维是全部或部分使用金属或有机物的导电材料或亚导电材料制成的纤维。服装应尽可能全部使用防静电织物，不使用衬里，必须使用衬里（如衣袋、加固布）时，衬里的暴露面积应占全部防静电服暴露面积的20%以下。防静电服的款式：一般工作服上装为“三紧式”，下装为直筒裤。服装上一般不得使用金属附件，必须使用（如纽扣、拉锁等）时，应保证穿着时金属附件不得直接外露。

静电防护服必须经国家指定的防护用品质量监督部门检验，并获得产品生产许可证方可生产、销售。出厂产品须经生产厂检验合格后，并附有产品合格证、使用说明书及由国家指定的防护用品质量监督部门发给的检验证方可出厂。使用单位必须购置有产品合格证的产品，并经安全技术部门验收后方可使用。每件成品上必须注有生产厂名、产品名称、商标、型号规格、生产日期等。

2. 化学污染物防护服

其作用为防止化学污染物损伤皮肤或经皮肤进入体内。防酸碱服常以丙纶、涤纶或氯纶等面料制作，因其耐酸碱性较好。炼油作业的防护服常用氟单体接枝的化纤织物制作，因在织物表面形成高聚物的大分子栅栏，能防止油类污染皮肤，而空气可以自由通过。防止化学物经皮肤进入机体的防护服，常用各种对所防护化学物不渗透或渗透率小的聚合物，涂布于化纤或天然纤维织物上制成。化学防护服常不利于汗水蒸发和散热，从而使皮肤温度和湿度增加。从事易燃易爆物作业的工人，不宜穿着化纤织物的工作服，因一旦发生火灾，燃烧时的高温会使化纤熔融，黏附在人的皮肤上，造成严重灼伤。根据从事作业的不同，防护服应选择不同的颜色，以便及时觉察污染。

（二）防护帽

防护帽用于防止重物意外坠落或飞来击伤头部和防止有害物质污染等。安全防护帽过去曾用压缩皮革、布质胶木、藤、柳条等制作，目前则多用合成树脂（如改性聚乙烯和聚苯乙烯树脂、聚碳酸酯、玻璃纤维增强树脂橡胶等）制作。我国对此类防护帽的国家标准要求如下：帽重不超过400g，帽檐为10～35mm，倾斜度为45°～60°，帽舌为10～50mm，帽色为浅色或醒目的颜色，并要求须经冲击吸收、耐穿透、耐低温、耐燃烧、电绝缘和侧向刚性等技术性试验。安全防护帽有的为组合式，如电焊工安全防护帽。防一般污染的劳动防护帽则是以棉布或合成纤维制成的带舌帽。

三、防护眼镜和面罩

防护眼镜和面罩的主要作用是保护眼睛和面部免受电磁波（紫外线、红外线和微波等）辐射、粉尘、烟尘、金属、砂石碎屑或化学溶液溅射等损伤。

（一）防护眼镜

防护眼镜的框架常用柔韧且能顺应脸型的塑料或橡胶制成，框宽大，足以覆盖使用者自身所戴的眼镜。根据作用和原理不同，防护眼镜可分为反射性防护镜片与吸收性防护镜片两类。

反射性防护镜片是在玻璃片上涂布光亮的金属薄膜，如铬、镍、银等。在一般情况下，可反射的辐射线范围较宽，反射率可达95%。

吸收性防护镜片多半带有色泽，是根据选择吸收原理制成，如绿色的玻璃可吸收红光和蓝光，仅使绿光通过。但在某些生产操作中，同时存在短波和长波辐射线，则不能用选择吸收作用的玻璃片，而是在玻璃中加入一定量的化学物质，如氧化亚铁等，能较全面地吸收辐射线。

（二）防护面罩

防护面罩是防护固体屑末和化学溶液溅射入眼和损伤面部的面罩，用轻质透明塑料制作，现多用聚碳酸酯等塑料，结构比以前有所改进，面罩两侧和下端分别向两耳和下颏下端朝颈部延伸，使面罩能更全面地包覆面部，以增强防护效果。

防热面罩除用铝箔制成外，也可用单层或双层金属网制成，但以双层为好，可将部分辐射热遮挡而在空气中散热。若镀铬或镍，则可增强反射防热作用，并能防止生锈。金属网面罩也能防护微波辐射。

电焊工用面罩装有带编号的深绿色镜片，编号越大，辐射线透过率越小。其面罩部分用一定厚度的硬纸纤维制成，质轻、防热且具有良好的电绝缘性。

第七章　铝用炭素材料生产过程中的环境保护技术

第一节　铝用炭素工业污染物的来源及危害

从目前我国铝用炭素工业企业的环境现状看，对环境造成污染的主要污染物是废气、粉尘、噪声、废水和废固。产生污染物的主要工序在配料、燃烧、沥青熔化、筛分、磨粉、混捏、成型、焙烧、石墨化、成品清理和机加工阶段，所产生的这些污染物会对环境和人类健康产生一定的危害。

一、铝用炭素工业污染物产生的来源

在铝用炭素工业生产过程中，从配料、煅烧、沥青熔化、筛分、磨粉、混捏、成型、焙烧、石墨化、成品清理和机加工全过程都会产生有关的污染物。具体的污染物来源分析如下：

（一）散点粉尘

散点是指铝用炭素制品生产过程中的转运点、配料点、破碎点、磨粉点、筛分点、混捏点、成型点、焙烧点、产成品清理点和加工点。在生产过程中产生的扬尘，主要为粉尘颗粒物。

（二）煅烧工序产生的烟气

生石油焦在高温（1 250℃）煅烧炉内燃烧生产煅后石油焦的过程中，由于石化炼油厂生产的石油焦含硫量越来越高，燃烧石油焦排放的烟气中硫含量也随之升高，其产生的烟气主要成分为 SO_2、NO_X、粉尘颗粒物等。

（三）沥青熔化和焙烧工序产生的烟气

在沥青熔化和焙烧工序中，除原燃料燃烧产生的烟尘、NO 与 SO_2外，还有沥青分解产生的沥青烟（焦油、气体物质）及少量的苯并芘苯基物、NO_x、粉尘颗粒物等。

在沥青熔化和焙烧工序中，均会产生沥青烟气，沥青烟气一般夹杂着一定浓度的烟尘，呈棕褐色或黑色，有强烈的刺激作用。据报道，含 6 个碳原子以上的化合物，对皮肤和呼吸系统有致癌作用。经研究和动物试验证实，从煤焦油、沥青和有机溶剂中提炼出来的 3%~4%苯并芘是强致癌物质。长期调查和研究得出，经常接触煤焦油、沥青的工人，皮肤癌、阴囊癌、喉癌和肺癌的发病率都较高。

（四）散点噪声

铝用炭素生产过程中，不同的工序采用不同的机械装备，噪声的污染应引起高度重视，特别是在采用球磨机、振动成型机、烟气净化引风机、炭块的机加工等工序时，噪声的污染相当严重。经测试，许多厂家的球磨机工序周围的噪声高达 124dB。

（五）污水

铝用炭素生产过程中，污水主要是工业冷却水和必要的生活用水等。冷却用的废水中含有一定的油污。

（六）废固

铝用炭素生产过程中，废固主要是炉窑大、中、小修过程中产生的废旧耐火材料，有关工序收集的粉尘和烟气净化收集的焦油和脱硫渣等。

二、铝用炭素工业产生的污染物的危害

铝用炭素工业产生的污染物的性质不同、含量不同，对环境和人类的危害程度也不同。

（一）粉尘的危害

从有关设备、作业空间、烟囱排出的已长期飘浮于大气中的飘尘，会使人患呼吸道疾病、心脏病、儿童软骨病。此外，飘尘易吸附 SO_2、SO_3及苯并芘等极有害物质，它可以直接损害人们的眼、鼻、喉的黏膜，易引起呼吸道和肺部发炎，有害物质甚至会进入人体

的各种器官，使各种器官发生病变或导致某些器官功能的衰竭。

烟尘在空气中浓度增加时，将大量吸收太阳紫外线短波部分，严重影响儿童发育成长。小粒径炭黑及含有有机物的粉尘若在管道内大量沉积，遇火星能燃烧甚至爆炸。烟尘还会使光照度和能见度降低，严重影响动植物生长，也会在一定程度上造成城市交通混乱，容易发生事故。

除此以外，环境中烟尘超标将严重影响工业产品的质量。因此，一些高精度产品和精密仪器的生产和装配场所，要求无尘操作。

（二）硫氧化物烟气的危害

硫氧化物主要是 SO_2，它是一种无色有臭味的强烈刺激性气体。当大气中的 SO_2 日平均浓度达 3.5mg/kg 时，会诱发气喘、肺病、呼吸道感染、心血管病，还能促使老年人死亡率增加。SO_2 很少单独在大气中存在，它往往与飘尘结合在一起进入人体的肺部，引起各种恶性疾病。在湿度较大的空气中，它可以被锰或三氧化二铁等催化而生成硫酸烟雾。SO_2 的排放将使较大面积产生酸雨、酸雪，随之导致河水酸度大增，鱼、虾、藻类繁殖困难；使土壤酸化，不利于作物生长，使农作物大面积减产；酸雨还会使建筑物易受腐蚀损坏，使塑像和文物古迹受到破坏，造成巨大损失。此外，SO_2 能腐蚀金属制品，使金属产品质量下降；它还可使纸制品、纺织品、皮革制品变质变脆直至破碎。因此，SO_2 的危害是多方面的，不仅有气体本身的一次污染，而且进入大气后，进行化学反应后的新产物会产生二次污染，其破坏程度远远大于一次污染，SO_2 已成为目前世界上要着重解决的环境污染源。

（三）氮氧化物烟气的危害

氮氧化物也是主要的污染物质，是最难处理的有害气体。氮氧化物种类颇多，但构成大气污染和光化学烟雾的主要是 NO 和 NO_2。NO 是一种有毒气体，对人体的健康有害。NO 和血色素的亲和力很强，进入人体后与血色素结合，变成 NO-正铁血红蛋白（NO-HB），这种蛋白不能再和氧结合，从而不能将氧气输送到各个器官中去，人体就会因缺氧而麻痹和痉挛。NO_2 是一种红棕色有毒的恶臭气体，它本身的毒性比 NO 和 SO_2 都强，它不仅对肺部有危害，对外器官和造血组织都有损害。

更为严重的是，NO_2 在日光作用下会产生新生态氧原子，该新生态氧原子在大气中将会引起连锁反应，并与未燃尽的碳氢化合物一起形成光化学烟雾。这种光化学烟雾最早发生在 20 世纪 40 年代的美国洛杉矶，以后在世界各工业发达国家都不同程度产生过。由于它的危害性较大，已引起全世界的警惕。

（四）噪声的危害

在铝用炭素生产过程中，如球磨机、振动成型机、筛分机、引风机、产成品的机加工设备等的运行过程中存在着多种音调，无规律的杂乱声音，被人们称为生产性噪声。这些噪声不仅对工作听觉系统有损害，在造成职业性难听（噪声聋），而且对神经系统、血管系统也有不良作用，因此，国家把它列为规定的职业病之一。

噪声的危害往往不被人们重视，其主要危害有以下三种：①职业性耳聋：呈渐进性听力减退，直到两耳轰鸣和听觉失灵；②爆炸性耳聋：是指一次高强度的噪声（往往大于130~160dB），导致听觉损伤，表现在鼓膜损伤，以及伴有脑震荡等；③噪声对人及其他系统的影响，除上述危害外还可能引起植物神经紊乱、胃肠功能紊乱等。噪声可以引起人们的听力减退，这种减退是渐进性的，人初期进入声环境中，常感到听力减退、烦恼、难受、耳鸣等，少数人可能有前庭症状，如眩晕、恶心或呕吐，这些症状在脱离噪声环境后即可缓解或消除；上述症状反复出现且随时间的延长症状加重，逐渐出现听觉疲劳，如两耳轰鸣、听觉失灵，发生听力丧失，成为噪声聋。

噪声除造成听力减退外，也可能引起高血压、心脏病等。噪声还会分散人们的注意力，所以往往成为造成各种意外事故的根源。

三、铝用炭素工业主要污染物产生的机理

污染物的产生机理与采用的工艺技术和原料的种类等有关。

（一）粉尘的产生机理

石油焦、煅后焦、石墨碎、电煅煤等和燃料本身都含有一定数量的灰分；炭素制品在配料、筛分、磨粉、混捏、成型、焙烧、产成品加工处理各工序的操作以及煅烧的过程中，由于高温热分解、氧化的作用，有大量含碳的粉尘产生。另外，石油焦、沥青及燃料中的碳氢化合物或在燃烧过程中析出的挥发物，在缺氧的情况下会形成炭黑等。

（二）酸性气体的产生机理

氟化物气体产生的机理：由于煅烧、焙烧过程中原料及添加的一定量的残阳极等含有一定量的氟化物（如冰晶石等），在高温和其他物质的作用下，会发生分解和挥发，产生少部分氟化物气体。

一氧化碳的产生机理：一氧化碳是由于燃料和原料中有机可燃物不完全燃烧产生的。有机可燃物中的碳元素在燃烧、焙烧过程中，绝大部分被氧化为 CO_2，但由于局部供氧不足及温度偏低等原因，有小部分被氧化为 CO。

硫氧化物的产生机理：石油焦、沥青中还有无机硫和有机硫，且石油焦中的含硫量呈上升趋势。在燃烧和焙烧过程中，硫氧化物来源于原料的高温氧化和含硫燃料的氧化过程。

氮氧化物的产生机理：在燃烧过程中产生的氮氧化物主要来自两个方面：一是助燃空气中带来的氮，在高温下与氧反应而生成的 NO，被称为"热力型 NO"。二是来自石油焦和沥青原料及燃料中固有的氮化合物经过复杂的化学反应而生成的氮的氧化物，称为"原料及燃料型 NO"。这两部分氮的氧化物的形成机理是不相同的。"原料及燃料型 NO"的形成更为复杂，根据大量试验研究表明，其形成机理是原料及燃料送入高温炉膛后，分解释放出 N、NH 或 CN 等各种可能形式的自由基，这些自由基被氧化成 NO 或再结合生成哪一种则取决于局部的氧浓度。一般来说，燃料中氮化合物含量越高或炉膛中氧浓度越大，则形成"原料及燃料型 NO"就越多。即使在温度较低的情况下，这种"原料及燃料型 NO"也能形成。因此，NO 的生成与原料及燃烧温度无关。

（三）噪声污染的产生机理

在铝用炭素生产过程中，特别是球磨机、振动成型机、筛分、引风机、产成品的机加工等的运行中产生噪声，其噪声产生的机理归纳如下：

1. 机械振动所产生

转动机械：许多机械设备的本身或某一部分零件是旋转式的，常因组装的损耗或轴承的缺陷而产生异常的振动，进而产生噪声。

冲击：当物体发生冲击时，大量的动能在短时间内要转成振动或噪声的能量，而且频率分布的范围非常广，例如球磨机、雷蒙磨等设备，都会产生此类噪声。

共振：每个系统都有其自然频率，如果激振的频率范围与自然频率有所重叠，将会产生大振幅的振动噪声，例如振动成型机等。

摩擦：此类噪声因接触面与附着面间的滑移现象而产生声响，如炭块机加工等。

2. 流动所产生

流动所产生的气动噪声，来自乱流、喷射流、气蚀、气切、涡流等现象。当空气以高速流经导管或金属表面时，一般空气在导管中流动碰到阻碍产生乱流或大而急速的压力改变均会有噪声产生。如多功能天车的气动部分、阳极清理、空压机体系等。

3. 环境噪声

一般环境噪声大多来自随机的噪声源，例如厂区内的运输车辆、天车的鸣笛以及周围各式各样的噪声来源。

4. 燃烧产生

在燃烧过程中可能发生爆炸、排气，以及燃烧时上升气流影响周围空气的扰动，这些现象均会伴随噪声的产生。例如煅烧炉、焙烧炉、余热发电涡轮机等这一类的燃烧设备均会产生这一类噪声。

第二节　铝用炭素工业的烟气净化技术

在铝用炭素制品生产过程中，主要污染物就是燃烧和焙烧及石墨化过程中产生的烟气，其产生的烟气主要成分为 SO_2、NO_x、粉尘颗粒物、沥青分解产生的沥青烟（焦油、气体物质）及少量苯并芘苯基物等。

要综合解决生产过程中的污染问题并非容易的事情。我国的铝用炭素行业和环保行业经过长期的工业实践，已基本解决了烟气治理难题，但整个行业须进一步提高，对噪声、粉尘和废固的治理重视程度不够。

一、酸性烟气污染物的净化技术

我国铝用炭素的燃烧基本采用两种方式：一是罐式煅烧炉，二是回转窑煅烧。这两种工艺的设备不同，但产生的烟气污染物大体都是酸性污染物；焙烧产生的烟气也主要是酸性污染物。

（一）HF、SO_x的净化

HF、SO_x的去除机理是酸碱中和反应。在不同的净化系统中，碱性吸收剂［如 NaOH、Ca（OH）$_2$］以液态（湿法）、液/固态（半干法）或固态（干法）的形式与以上污染物发生化学反应，涉及的主要反应如下：

$$HF+NaOH=NaF+H_2O$$

$$2HF+Ca(OH)_2=CaF_2+2H_2O$$

$$SO_2+2NaOH=Na_2SO_3+H_2O$$

$$SO_2+Ca(OH)_2=CaSO_3+H_2O$$

从理论上讲，强碱性吸收剂与酸性污染物的反应在极短时间内就可以完成，由于这些反应涉及“气—液”或“气—固”物理传质过程，使得污染物的去除效率决定于传质效果。二相之间的传质分为三步，即：被吸收成分从气相主体到“气—液”或“气—固”界面的传质过程、界面上的溶解平衡过程、从界面到“液”或“固”相主体的扩散过程。在其他条件相同的条件下，湿法的净化效率明显高于干法，半干法的净化效率居中。另外，增加吸收剂的比表面积和“吸收剂/污染物”的当量比也可使净化效率增加。然而，在实际操作过程中，更重要的是通过足够的停留时间来保证污染物的高效去除。

生产实践和研究得出以下几点：

1. 利用强碱性物质作为吸收剂可使酸性气态污染物得以高效净化

湿法净化在发达国家的应用比例较高，利用强碱性物质作为吸收剂可使酸性气态污染物得以高效净化。为了对 HF 和 SO_x 进行控制，就必须用强碱性物质作为吸收剂，并适当增加烟气在净化设备中的停留时间。为避免结垢，湿法净化工艺中常采用 NaOH 作为吸收剂，$Ca(OH)_2$ 应用较少，这是因为生成的 $CaSO_4$ 难溶于水，使设备内结垢。湿法净化可以分一段或二段完成，净化设备有吸收塔（填料塔、筛板塔）和文丘里洗涤器等。这种工艺的缺点是需要进一步对液态产物进行处理；且湿法净化后烟气的温度大大降低，常须对烟气加热后从烟囱排入大气。因此其流程较复杂，投资和运行费用较高。

石灰石（石灰）-石膏湿法烟气脱硫工艺。采用廉价易得的石灰石或石灰作为脱硫吸收剂进行脱硫。

石灰与工艺水制成石灰浆，由高速旋转喷嘴喷出的充分雾化的石灰浆液与烟气中 SO_2 反应，生成粉状钙化合物的混合物，经过除尘器和引风机，然后再将净化的烟气通过烟囱排出，其反应方程式为：

$$CaO+H_2O \rightarrow Ca(OH)_2$$

$$SO_2+Ca(OH)_2 \rightarrow CaSO_3+H_2O$$

$$SO_3+Ca(OH)_2 \rightarrow CaSO_4+H_2O$$

煅烧烟气经过余热锅炉降温后，自脱硫系统烟道阀门后的接口开始，该接口至脱硫系统的烟道，直至烟气通过脱硫塔上部的湿烟气烟囱排空。系统主要包括：增压风机、脱硫塔、石灰石粉仓、浆液制备及输送、循环喷淋系统、事故浆液系统、真空过滤系统等所有的设备、电气、仪表及自控装置。

石灰石-石膏湿法烟气脱硫的技术特点：

①石灰（石灰石）-石膏法脱硫工艺为湿式脱硫工艺。工艺流程简单，技术先进又可靠，是目前国内外烟气脱硫应用最广泛的脱硫工艺。

②本工艺处理烟气范围广，从200~600MW机组的烟气均能有效处理。

③吸收氧化池与底池分开。

④吸收塔下部设有角钢筛孔板装置，使进入吸收塔内的烟气分布均匀，强化了烟气与洗涤液的湍流程度，提高了脱硫效率。

⑤根据烟气流，喷淋装置可以设计成雾化喷淋或液柱喷淋方式。本工艺流程吸收塔内布置的雾化喷淋雾化喷嘴、液柱喷嘴、水幕喷嘴，均为不易堵塞结构。

⑥脱硫液制备搅拌罐中加入了酸化剂（乙二酸或甲酸），强化了石灰（石灰石）在水溶液中的溶解度，提高脱硫剂的利用率。

⑦本工艺经济技术指标先进。采用石灰石做脱硫剂时液气比为10~12L/m^3，采用石灰做脱硫剂时液气比为1~1.5L/m^3。脱硫系统能耗较低。

⑧塔底池脱硫液投加装置多点均布悬浮喷口，大直径吸收塔底池不会产生沉淀现象。

⑨吸收塔内部防腐材料耐腐、耐磨、经久耐用。

⑩烟气脱硫系统全部实现自动化控制。

经过在铝用炭素行业的生产运行证明，该脱硫系统装置投入率为98%以上，满足烟气SO_2出口低于200mg/Nm^3的控制要求。

2. 干法烟气净化所使用的干态吸收剂对污染物的去除效率相对较低

为了有效控制酸性气态污染物的排放，必须使吸收剂的比表面积足够大，增加干态吸收剂在烟气中的停留时间，保持良好的湍流度。干法净化所用的吸收剂主要有Al_2O_3和$Ca(OH)_2$粉末。以$Ca(OH)_2$粉末居多，较高的“吸收剂/污染物”的当量比有利于污染物的净化，该值一般以2~4为宜；但太高的当量比并不能使去除效率显著增加。干法净化的工艺组合形式一般为“吸收剂管道喷射+反应器”，并辅以后续的高效除尘器（袋式除尘器或静电除尘器）。干法净化的显著优点是反应产物为固态，可直接进行最终处理，而无须像湿法净化工艺那样要对净化产物进行二次处理，不存在后续的废水处理问题。干法净化工艺简单，投资和运行费用明显低于湿法。

（二）半干法净化

半干法净化是介于湿法和干法之间的一种工艺，它兼有净化效率高、不产生废水、无须对反应产物进行二次处理的优点。该工艺对操作水平要求较高，需要有丰富的实践经验才能达到良好的净化效果，对喷嘴的要求也高。足够长的停留时间不但可以使化学吸收反应完全，以达到较高的污染物去除效率，而且可使反应产物（$CaCl_2$）所含的水分充分蒸发，最终以固态形式排出，同时又会影响烟气的流速而间接影响净化设备内的混合效果。因此，停留时间是半干法净化反应器设计中非常重要的参数。国外经验证明，上流式和下流式半干法净化反应器的最小停留时间应分别为8s和18s。另外，净化反应器入口、出口的温差直接影响反应产物是否以固态形式排出，国外推荐该温差不应小于60℃（如果熔炼炉出口的烟气温度即净化反应器入口温度为250℃，则净化反应器出口的温度最大不能超过190℃）。除停留时间和温差两个因素外，吸收剂的粒度、喷雾效果等对整个净化工艺也有较大的影响，实际操作过程中对上述影响因素都有严格要求，否则，可能会导致整个工艺的失败。半干法净化反应器与后续的袋式除尘器或静电除尘器相连，构成了半干法净化工艺。

二、NO_x净化

NO_x的净化是最困难且费用昂贵的技术。这是由NO的惰性（不易发生化学反应）和难溶于水的性质决定的。烟气中的NO_x以NO为主，利用常规的化学吸收法很难达到有效去除。除常用的选择性非催化还原法外，还有选择性催化还原法、氧化吸收法、吸收还原法等。其中，非催化还原法在烟气净化中应用较多。

（一）氧化吸收法和吸收还原法

氧化吸收法和吸收还原法都是与湿法净化工艺结合在一起共同使用的。氧化吸收法是在湿法净化系统的吸收剂溶液中加入强氧化剂如$NaClO_2$，将烟气中的NO氧化为NO_2，NO_2再被钠碱溶液吸收去除。吸收还原法是在湿法系统中加入Fe^{2+}离子，Fe^{2+}离子将NO包围，形成络合物，络合物再与吸收溶液中的HSO_3^-和SO_3^{2-}反应，最终放出N_2和SO_4^{2-}，作为最终产物。据国外资料报道，吸收还原法的化学添加剂费用低于氧化吸收法。

（二）臭氧脱硝

臭氧脱硝的原理在于臭氧可以将难溶于水的NO氧化成易溶于水的NO_2、N_2O_3、N_2O_5等高价态氮氧化物。臭氧同时脱硫脱硝过程中NO的氧化机理，O_3与NO之间具体的化学反应机理。低温条件下，O_3与NO之间的关键反应如下：

$$NO+O_3 \rightarrow NO_2+O_2$$

$$NO_2+O_3 \rightarrow NO_3+O_2$$

$$NO_3+NO_2 \rightarrow N_2O_5$$

$$N_2O_5+H_2O \rightarrow 2HNO_3$$

（三）SNCR 阳极焙烧炉烟气脱硝的工作原理

SNCR（Selective Non-Catalytic Reduction）即选择性非催化还原法，是一种经济实用的 NO_x 脱除技术。SNCR 技术是在无催化剂存在的条件下向炉内喷射化学还原剂，使之与烟气中的 NO_x 反应，将其还原成 N_2 及 H_2O。使用最广泛的还原剂为氨或者尿素。两种还原剂在安全性和经济性上各占优势。使用液氨作为还原剂脱硝效率高，投资成本、运行成本相对较低，从经济或运行维护成本考虑，还原剂可以选择液氨。SNCR 工艺为了满足对氨逃逸量的限制，要求还原剂的喷入点必须严格选择在位于适宜反应的温度区域内。如果温度过低，氨反应不完全，容易造成氨逃逸导致二次污染；如果温度过高，氨则容易被氧化为 NO_x，温度的过高或过低都会导致还原剂的损失与 NO_x 的脱除率。SNCR 脱硝技术的原理是在合适的温度区间喷入氨基还原剂，通过一系列气相基元反应还原气体中的 NO_x，温度为 850~1 100℃，与 SNCR 反应的温度窗口相匹配。使用 NH_3 为还原剂还原 NO_x 的主要反应为：$4NH_3+4NO+O_2 \rightarrow 4N_2+6H_2O$。

三、烟尘颗粒污染物的净化技术

颗粒物控制可以分为静电分离、过滤、离心沉降及湿法洗涤等几种形式。常用的烟气净化设备有静电除尘器、袋式除尘器和文丘里洗涤器等。由于铝用炭素生产烟气中的颗粒物粒度很小（$d<10\mu m$ 的颗粒物比率较高），为了去除小粒度的颗粒物，必须采用高效除尘器，才能有效控制颗粒物的排放。文丘里洗涤器虽然可以达到很高的除尘效率，但其能耗高且存在后续的废水处理问题，所以文丘里洗涤器在铝熔炼烟气处理系统中很少作为主要的颗粒物净化设备。

布袋收尘器在铝用炭素工业中应用不多。干法收尘主要是布袋收尘器，其原理是使含尘气体通过滤袋，达到收尘的效果。常用的布袋收尘器主要有两种：

（一）外置式布袋收尘器

在除尘器内置多个袋房，袋房的表面有滤布。生产时，废气进入收尘器内，房内是负压，含尘气体进入除尘器之后，颗粒被吸附在滤布表面，净化之后的气体从袋房中排出。运转一定的时间之后，滤布上的尘灰堆积，透气性能下降，会影响收尘和排风效果。因此，要及时清除灰尘，办法是启动压缩空气，进行反向吹风，灰尘脱落之后进入积尘室。

（二）内置式布袋收尘器

原理与外置式布袋收尘器相同，只是含尘气体进入袋房中。袋房外面是负压，气体通过滤布，尘灰积在袋房之中，一定时间之后，经过振动，灰尘自动脱落到积尘室之中，达到了除尘的效果。布袋收尘的造价相对较高，但是它是目前经常采用的一种除尘器。在选用布袋收尘器时，一定要注意布袋适应的温度，一般在 250℃以下。

除以上设备之外，还有静电除尘器等比较先进的收尘设备。静电除尘器具有分离粒子耗能少、气流阻力小的特点。由于作用在粒子上的静电力相对较大，所以对亚微米级的粒子也能有效捕集，目前我国铝用炭素工业较普遍采用。因电捕集法效率高、不受生产条件限制而被广泛应用到焙烧炉烟气治理上。

电捕除尘的净化方式在实践应用中应加强电场的维护，跟踪运行电流的变化情况，及时对电场极丝、绝缘子等进行更换；电捕系统的安全运行，对烟气的脱硫除尘是至关重要的。

第三节　铝用炭素工业烟气净化设备与工艺

铝用炭素工业产生的有害气体种类多，分别处理很困难。但是，为了实现环境保护的要求，铝用炭素工业必须开展环境保护的综合治理工作。其中，最主要的是烟气的净化处理。烟尘的治理目的如下：一是最大限度地使烟气中的粉尘得到收集，使有害气体转化为无害的和稳定的物质，达到国家排放标准。二是尽量选用无污染的添加剂。三是提高铝用炭素生产技术，减少废物的产生量。

对铝用炭素工业的环境治理，首先要从源头进行控制，要加强各生产工序的防止污染物的排放措施，减少污染物的产生量；其次应采取科学的工艺技术消除污染物或变废为宝。

一、烟气净化设备概述

烟气中污染物的净化，实际上是污染物的转化和混合物的分离过程。根据污染物的性质和存在状态不同，其净化机理、方法和装置也各有不同，并都有一定的特点和适用范围。从烟气中将污染物分离出来，使烟气得到净化的设备被称为烟气净化装置。烟气净化装置的形式很多，一般可将其分为除尘装置、吸收装置和吸附装置三大类。

表示净化装置的技术性能参数一般有下面几种。

(一) 烟气处理量

一般以标准状态下的体积流量（Nm^3/h）表示，是代表净化装置处理能力大小的指标。

(二) 压力损失

压力损失指的是净化装置进、出口的压力差，也称为压力降，是衡量净化装置能量损耗的指标。压力损失越大，能耗越高，二者成正比。因此，净化装置的压力损失越小越好。

(三) 负荷适应性

负荷适应性表示净化装置性能的可靠性，即工作稳定性和操作弹性。良好的负荷适应性应能满足污染物浓度偏高及烟气处理量超过正常值时的净化效果。

(四) 经济性

经济性是评定净化设备的重要指标之一。它包括设备费和运行维护费两部分。设备费主要是设备制造和安装的费用以及各种辅助设备的费用。运行维护费主要是能源消耗和易损件调换与补充所需的费用。在进行经济比较时，应注意设备费是一次性投资，而运行费是每年的经常费用。

(五) 净化效率

净化效率是表示装置净化效果的重要技术指标，有时也称为分离效率或去除效率。对于除尘装置，又称净化效率；对于吸收装置，可称为吸收效率；对于吸附装置，则称为吸附效率。

在实践中，通常以净化效率为主来选择和评价净化装置。净化效率的表达方法有多种，最常用的为净化总效率。净化总效率是指同一时间内，净化装置去除污染物的量占进入装置污染物量的百分比。净化总效率 η 可按式（7-1）进行计算：

$$\eta = \frac{VC_0 - VC}{VC_0} = \left(1 - \frac{C}{C_0}\right) \times 100\% \tag{7-1}$$

式中 η ——净化总效率；

C_0——净化装置入口处某种污染物的浓度；

C——净化装置出口处某种污染物的浓度；

V——净化装置处理的烟气体积，Nm^3。

在铝用炭素生产的烟气净化系统中，除尘和脱酸是非常重要的。由于大量含碳粉尘、沥青烟、SO_2、NO_x等污染物以固体和气体的形式存在于颗粒物（尤其是粒度很小的颗粒物）的混合物中，所以，除尘的同时也是对其他污染物的净化过程。脱酸过程亦是如此，铝用炭素生产的烟气中的酸性气体污染物与吸收剂发生化学反应被净化的同时，也可以使其他污染物得到净化。因此，对于不同的设备，根据净化机理的不同和在工艺中所处位置的不同，其净化的对象有主次之分。例如，旋风除尘器是一种中低效除尘设备，其主要目的是去除烟气中粒度较大的颗粒物，对于粒度较小的颗粒物的净化效率很低，因此常作为预除尘设备使用。对于袋式除尘器而言，可以使烟气中的颗粒物尤其是亚微米级（$d<1\mu m$）的固体粒子得以高效净化。同时，还可以去除一定量的重金属和有机类污染物等。而文丘里洗涤器作为一种高能耗的净化设备，可以同时使颗粒物和酸性气体得以高效净化，也可以去除一定量的重金属和有机类污染物等。

除尘和脱酸设备是构成铝用炭素烟气净化工艺的主体设备。国内外的专业厂商已经开发了各具特色的除尘和脱酸设备，尽管结构形式较多，但原理基本相同。随着颗粒物粒度的递减，各种净化装置的净化效率也随之降低。对于颗粒物而言，袋式除尘器的净化效率最高，其次为文丘里洗涤器、静电除尘器等，而旋风除尘器和沉降室的净化效率最低。

二、除尘器

从烟气中将固体粒子分离出来的设备是除尘装置或除尘器。按其作用原理可分为：机械式除尘器（重力沉降室、惯性除尘器、旋风除尘器），湿式除尘器（冲击式除尘器、泡沫除尘器、文氏管水膜除尘器、喷雾式除尘器），过滤式除尘器（袋式除尘器、颗粒层除尘器）和静电除尘器。其中，过滤式除尘器和静电除尘器为高效除尘器，净化效率高达99%。

除尘器的选择，应根据粉尘特性、粉尘浓度和除尘器对负荷的适应性等因素，经技术经济比较后确定。铝用炭素工业中的燃烧、焙烧、石墨化工序的烟气温度高、成分复杂、腐蚀较强、粉尘粒径小，大多选用袋式除尘器、静电除尘器或湿式洗涤器。

（一）袋式除尘器

利用编织物制作的袋状元件捕集气体中固体颗粒物的除尘设备，亦称布袋除尘器。含尘气流通过织物的纤维层时，尘粒因筛滤、拦截、碰撞、扩散和静电等作用而被捕集。阻留在滤袋表面的尘粒形成多孔隙的粉尘层，从而使袋式除尘器具有更高的捕尘效率。随着滤尘过程的继续，滤袋表面的粉尘层变厚，含尘气流的阻力增大。因此，每隔一段时间须用气流喷吹或机械振荡滤袋，使粉尘脱落。袋式除尘器能捕集粒径大于 0.1μm 的尘粒，对 1μm 以上尘粒的除尘效率达 99%以上。设备阻力通常为 800~2 000Pa。

按照清灰方式可将袋式除尘器分为五类：机械振动、分室反吹、巡回反吹、振动反吹并用和脉冲喷吹。按照结构特点又可分为上进风式和下进风式、圆袋式和扁袋式、内滤式和外滤式、吸入式和压入式。

袋式除尘器的性能在很大程度上取决于滤料。滤料的材质有：天然纤维——棉、毛等；合成纤维——耐常温的涤纶、尼龙、丙纶等，耐高温的诺梅克斯、芳砜纶、特氟纶等；无机纤维——玻璃纤维、金属纤维、陶瓷纤维等。滤料的加工方法有：机织物滤料由织机将相互垂直的经纱和纬纱织造而成，如涤纶布、玻纤布；非织造滤料是不经织造，直接将纤维或纱线以黏合、针刺等方法加工而成，如针刺毡；复合加工滤料由两种以上方法制成或由两种滤料复合而成，如薄膜滤料和涂覆滤料等。含有颗粒物的烟气从下部进入圆筒形滤袋（下端有开口），在通过滤布时颗粒物被阻留下来，透过滤布的清洁气流从排出口排出。沉积于滤布上的颗粒物层，经过一定时间后在机械振动或风力作用下从滤布表面脱落，进入灰斗中，从而完成烟气中颗粒物的净化。

袋式除尘器形式多样，主要有以下几种：

1. 从滤袋形式分

从滤袋形式可分为圆筒形和扁平形两种。其中，圆袋应用较广，直径一般为 120~300mm，最大不超过 600mm，滤布长度一般为 2~6m，有的长达 12m 以上。长度与直径之比一般为 16~40，其取值与清灰方式有关。对于大中型袋式除尘器，一般都分成若干室，每室包括若干个滤袋。扁袋除尘器的断面有楔形、梯形和矩形等形状，其特点是单位容积内布置的过滤面积大，占地面积小、占空间小。

2. 按烟气通过滤袋的方向分

按烟气通过滤袋的方向可分为内滤式和外滤式两类。内滤式是指含尘烟气流先进入滤袋内部，颗粒物被阻留在袋内侧，净化后的气流通过滤布从袋外侧排出；反之，为外滤式。外滤式的滤袋内通常设有支撑骨架（袋笼），滤袋易磨损，维修较难。

3. 按进气方式分

按进气方式可分为上进气和下进气两种。现在应用较多的是下进气方式。它具有气流

稳定、滤袋安装调节容易等优点。但气流方向与飞灰下落的方向相反，清灰时会使细小的颗粒物重新积附于滤袋上，清灰效果变差，压损增大。上进气形式可以避免上述缺点，但需要专门的进气配套设备，使除尘器高度增加，滤袋安装调节较复杂。

4. 按除尘器内气体压力分

按除尘器内气体压力不同，可分为正压式和负压式两类。正压式（又称压入式）除尘器内部气体压力高于大气压力，一般设在风机出风段；反之，则为吸入式。正压式袋式除尘器的特点是外壳结构简单、轻便、严密性要求不高，甚至在处理常温无毒气体时可以完全敞开，只须保护滤袋不受风吹雨淋即可，这就降低了造价，且布置紧凑，维修方便，但风机易磨损。负压式袋式除尘器的突出优点是可使风机免受粉尘的磨损，但对外壳的结构强度和严密性要求高。

袋式除尘器的净化效率、压力损失、滤袋寿命等均与清灰方式有关，故实际一般以清灰方式对袋式除尘器进行分类和命名。一般有移动清灰式、气流清灰式、气环反吹风式、脉冲喷吹式、超声波清灰等。上述清灰方式在实践中都是成熟的应用技术。铝用炭素生产过程中产生的烟气可以采用脉冲清灰式袋式除尘器。

圆筒形的滤袋被均匀地分割成几个独立的仓（室），每个仓中有等数的滤袋。袋式除尘器的脉冲清灰过程由控制系统自动控制，逐仓完成清灰。在滤袋内外装有压力探头，当滤袋的内外压力差达到一定程度时，控制系统就发出信号，将滤袋上方的切换阀门转到与压缩空气接通的位置。同时，压缩空气以脉冲的形式瞬时完成清灰。脉冲清灰时，对应的滤袋可在线作业，也可离线瞬时停止作业。袋式除尘器下部灰斗起暂时储存飞灰的作用，最终由螺旋输送机将飞灰输送至储存池。为了防止由于温度下降导致飞灰在灰斗中吸水、结块，袋式除尘器的灰斗都带有加热装置（电加热或蒸汽加热）。另外，袋式除尘器的外壳都带有保温材料，以防止烟气过度冷却造成温度降低太多，烟气在滤袋上结露，造成设备运行故障。

在袋式除尘系统设计或选型时，必须严格控制布袋的使用温度，整个系统含有外部可靠的控制系统，以确保工作温度不高于布袋的允许温度，同时要防止水蒸气在布袋上凝结。对采用氯气精炼的熔炼烟气除尘系统，还要有严格的防止泄漏和腐蚀的措施。对于滤袋材料的选择也是非常重要的。滤袋性能的优劣是决定袋式除尘器性能的关键因素。在选择滤袋材质时，应根据具体情况综合考虑，选择最佳“性能价格比”。

袋式除尘器的优点是净化效率高且不受烟气中颗粒物浓度及其物化性质的影响。缺点是烟气的含水率较高时易导致清灰困难，同时要求使用耐高温的滤袋材料，其工程投资和运行费用较高。总的来讲，袋式除尘器在烟气净化系统具有广泛应用，是一种非常有前途的高效除尘设备。

处理普通粉尘的大型布袋除尘器，除尘器本体结构均为现场焊接组装，防腐很难做好，特别是对含有强酸性气体及卤化盐的烟气，使用寿命会大大缩短。为此，国内经过对铝用炭素工业的煅烧炉、焙烧炉、石墨化炉的烟气检测分析，考虑到这些炉窑烟气量波动大、烟气温度高、成分复杂、腐蚀性强等特点，设计了扁袋横插式系列除尘器。其特点如下：

①扁袋横插式结构。过滤袋占用空间小，滤袋布置紧凑，减小设备体积；采用的横插结构使设备的检修和维护方便，减少检修空间。

②模块式组合，标准化模具生产。设计出除尘器的一个基本单元，而各除尘器是对基本单元的简单叠加和局部特殊处理，除尘器生产采用流水线生产方式，即所有零部件由标准的模具生产。同时，这种制作工艺能保证壳板得到高质量防腐处理。

③除尘器的整体泄漏率≤1%。独特的花板密封技术，整机结构严密，完全排除整机结构泄漏，滤袋架和支撑花板间处采用凹凸槽设计，凹凸槽是用油压机直接拉伸而成，并辅以材质优良的密封条，保证了每个滤袋的密封性，保证设备内不会发生泄漏。滤袋压紧装置为滤袋密封提供合适的预紧力，并将滤袋组件牢靠地固定在花板上，确保除尘器在运行过程中不会因为任何原因而使密封发生松动、泄漏等事故。

④进风下降气流设计。含尘气体从除尘器上部进入，大颗粒的粉尘（包括火星）经过挡流板直接沉降到灰斗，整个过滤室的气流由上而下，加速粉尘的沉降，减少二次吸附，降低滤袋负荷，提高过滤效率，能有效避免火星烧袋。

（二）静电除尘器

静电除尘器是利用静电力（也称库仑力）实现固体粒子与气流分离的一种除尘装置。以管式静电除尘器为例，阐述其工作原理。

静电除尘器对去除粒度较小的颗粒物特别有效，是一种广泛使用的高效除尘设备。静电除尘器对烟气温度和湿度的变化敏感，一般在温度低于370℃时都可使用。从集尘极上清除颗粒物是静电除尘器成功运行的关键。如果不及时清除这些污染物，这些颗粒物就会起到绝缘体的作用，从而使颗粒物的荷电过程不能顺利进行，降低颗粒物的净化效率，并最终使静电除尘器无法正常运行。清除颗粒物的方法很多，常用的为机械振打。根据经验，每隔一定时间振打每个集尘极，使颗粒物落入下面的灰斗中。另一种清灰方式为用水冲洗，但会产生废水，给后续处理带来不便。

颗粒物的比电阻是影响净化效率的重要参数。颗粒物的比电阻过高或过低，都会使静电除尘器的净化效率降低。比电阻的单位为 Ω · cm。能被静电除尘器有效捕集的颗粒物最佳比电阻的范围为 $1\times10^{4}\sim1\times10^{14}$ Ω · cm。大部分物质的比电阻都随温度的变化明显改变，因此，为了使静电除尘器能发挥其最佳除尘能力，应将烟气温度控制在适宜范围内。在这个温度范围内，颗粒物的比电阻应确保净化效率最高。比电阻适宜的颗粒物会将其部分电荷传给放电极，放电极放电的速度随着颗粒物在集尘极上的聚集而增加。当集尘极上的颗粒物重量超过其静电力时，部分颗粒物会自动从集尘极上降落到除尘器下部的灰斗中。

静电除尘器的形式虽然有多种，但除尘原理都是一样的。静电除尘器的优点是净化效率高，在长期连续使用的场合运行稳定、可靠。缺点是净化效率受烟气中颗粒物比电阻的影响，当比电阻过高或过低时都可能使净化效率下降；设备投资和运行费用较高。

三、湿法净化设备

湿式洗涤器是将烟气与洗涤液体相互密切接触，使污染物从烟气中分离出来的装置。湿式洗涤器既能净化烟气中的颗粒物，又能去除烟气中的气态污染物，还可用于烟气的降温、加湿等操作过程，这些是其他类型的除尘器所没有的优点。湿式洗涤器的缺点是净化过程中会产生废水，必须进行处理；管道和设备的腐蚀较严重，洗涤后的烟气温度降低有时不利于排放扩散。湿式洗涤器的种类很多，在此仅介绍常用的吸收塔和文丘里洗涤器。

（一）吸收塔

吸收塔可分为喷雾塔、填料塔和筛板塔等多种形式。这些洗涤净化装置的差别主要在于塔内结构形式的不同，污染物的净化原理都是相同的。以最简单的喷雾塔为例，对这类设备的污染物净化原理说明如下。

烟气从喷雾塔下端的侧壁进入，并向上流动，吸收液（通常是碱性液体，如 NaOH 溶液）从上端侧壁喷入呈液滴状向下运动。当烟气通过喷淋吸收液所形成的液滴空间时，气态污染物如 HCl、HF、SO_2 等被大量液滴吸收，颗粒物也因吸收液滴的碰撞、拦截及凝聚等作用转移到吸收液中。含有大量颗粒物和气态污染物净化产物的洗涤液以废水的形式从塔底排出。净化后的烟气从塔顶排出。当塔内的烟气流速较高时，要在塔的顶部设置除雾器。

喷雾塔具有结构简单、压力损失小、操作稳定方便的优点。缺点是设备体积庞大、净化效率较低、耗水多及占地面积较大等。由于喷雾塔的净化效率相对较低，是一种低效的湿式洗涤装置，故常与其他高效洗涤净化装置联用，起预净化和降温、加湿等作用。

常用的高效洗涤净化吸收塔有填料塔和筛板塔两种。填料塔的结构形式较多，如立式、卧式等。吸收液体从上往下运动，烟气从下往上运动，二者在塔内充分混合，使烟气中的污染物得以净化，从塔底排出。在填料塔内的中部（段）有填料床层，床层内盛以一定形状的、体积很小的填料，使单位体积床层内的表面积大大增加，创造了良好的净化条件，使污染物在此得以高效去除。填料可用陶瓷、金属、塑料等不同材料制成，其形状也多种多样，净化后的烟气从塔顶排出，塔底排出的吸收液至废水处理系统处理。

筛板塔有淋降式和溢流式两类。塔内装有若干层筛板，板上有小孔，吸收液靠重力自塔顶流向塔底，并在筛板上保持一定厚度的液层。烟气以鼓泡或喷射的形式穿过板上液层，使其中的污染物得到净化。净化后的烟气从塔顶排出。吸收液从塔底排至废水处理系统。淋降式筛板塔没有降液管，液体直接从筛孔淋下。溢流式筛板塔设有降液管，操作时液体越过溢流堰经过降液管流下。

（二）文丘里洗涤器

常用的文丘里洗涤器由文丘里管和除雾器（分离器）组成，沿文丘里管的长度方向，可将其分为渐缩管（管径逐渐减小）、喉管和渐扩管（管径逐渐扩大）三部分。文丘里洗涤器中所进行的净化过程可分为雾化、凝聚和除雾三个过程，前两个过程在文丘里管内进行，后一个过程在分离器内完成。烟气进入文丘里管后，经渐缩管流速加大，至喉管处流速最大。吸收液从喉管的侧壁径向喷入（也可沿轴向喷入），在高速气流带动下被雾化，与气流充分混合。气流中的污染物被雾化的液滴捕集，再经除雾器后被分离出来，净化后的烟气流从分离器的顶部排出。

文丘里管的结构形式有多种，按断面形状分为圆形和矩形两类；按喉管构造分为无调节装置的定径文丘里管和有调节装置的调径文丘里管。调径文丘里管用于净化效率要严格保证，烟气处理量有较大变化的场合。喉径的调节方式是，圆形文丘里管一般采用重砣式，通过重砣的上下移动来调节喉口开度。矩形文丘里管采用能两侧翻转的翼板式或能左右移动的滑块式。从吸收液雾化方式上分，有预雾化和不预雾化两类。预雾化方式是用高压水通过喷嘴将液体喷成雾滴；不预雾化是借助于高速气流的冲击使液体雾化，因而能耗较大。按供水方式分，有径向内喷、径向外喷、轴向喷水等方式。径向内喷一般是在喉管壁上开孔作为喷嘴，向中心喷雾；径向外喷是在渐缩管中心装喷嘴，向外喷雾；轴向喷水是在渐扩管中心装喷嘴沿轴向喷雾。总之，文丘里洗涤器的形式很多，其主要差别在于文丘里管的结构。文丘里洗涤器的优点是可使多种污染物同时得到高效净化，占地面积相对较小。缺点是能耗高，运行费用高，且有后续的废水处理问题。

四、喷雾干燥吸收器

喷雾干燥吸收器是一种主要用于去除烟气中气态污染物的净化装置，是半干法烟气净化系统的主要设备，它与湿式洗涤器的净化原理相同，这一设备形式又有其独到之处。喷雾干燥吸收器常以浓度约为5%~10%的$Ca(OH)_2$浆液为净化吸收剂，浆液中$Ca(OH)_2$的浓度高于湿式洗涤器所用吸收液的浓度。这种净化设备的烟气一般为下流式，即烟气从喷雾干燥吸收器的上部进入，从下部流出。不同形式的喷雾干燥吸收器的区别主要在于喷嘴结构的不同。

流程：烟气从上部切向进入吸收器内，在旋转喷嘴的下方区域与雾化的吸收剂浆液充分混合，在吸收剂与酸性气态污染物发生化学反应的同时，浆液雾滴中的水分得以汽化。最后，反应产物以固体的形式从吸收器底部排出，净化后的烟气则从底部侧壁的烟气管道进入后续设备。

旋转喷嘴外形似圆柱体，圆柱体侧面上均匀分布着小孔。喷嘴通过轴与高速电机相连接，吸收剂浆液经特殊设计的接口从输送管线进入喷嘴内。喷嘴由电机驱动以约15 000r/min的速度高速旋转。在强大的离心力作用下，进入喷嘴内部的吸收剂浆液以雾滴的形式从喷嘴侧面的小孔中喷出，使浆液得以雾化。雾化后的浆液雾滴直径约50~100μm，因而具有很大的比表面积，保证了吸收剂与烟气的充分接触，使烟气中的酸性气体得以去除。

除旋转喷嘴外，还有一种“双流”喷嘴，这种喷嘴本身不动，是靠压缩空气完成浆液雾化的。其结构为双层夹套管，吸收剂浆液走内管，压缩空气走外管，浆液与压缩空气在喷嘴头处强烈混合后从喷嘴喷出，从而使吸收剂浆液雾化。

喷雾干燥反应器的最大优点是充分利用了烟气中的余热使浆液中的水分蒸发，净化反应产物以干态固体的形式排出，避免了湿式洗涤器净化过程中的废水处理问题，因而大量运用于烟气中气态污染物的净化。这种净化装置的缺点是对操作条件要求高，否则难以达到净化、干燥的双重目的。另外，对喷嘴的要求也高，不但雾化效果要好，而且要抗腐蚀、耐磨损且不易堵塞。一些发达国家已开发研制出这种专用喷嘴，并已成功地在工程中应用。

五、SNCR阳极焙烧炉烟气脱硝装置

SNCR的主要工艺设备有氨水溶液储罐、稀释水泵、喷枪、控制系统等，其建设成本较低。把浓度为20%~25%氨水由运输车经卸氨泵输送至氨水溶液储罐进行储存。为了保

证喷雾系统喷枪的喷射流量，要将氨水进行稀释。稀释水一般采用自清水，自清水通过管网接入稀释水罐，通过稀释水泵打入静态混合器中。

由自清水混合稀释，把20%~25%的氨水稀释为8%~15%的氨水溶液，然后经氨水输送管网输送至焙烧炉氨水喷射系统，通过喷射系统喷枪结合一定的流量喷入焙烧炉火道内。

SNCR阳极焙烧炉烟气脱硝系统使用氨水作为还原剂，必须严格按照工业氨水的标准要求。SNCR脱硝系统设有自动监测与控制设置单独PLC系统，实现对系统的启停，运行参数自动检测和储存，并对关键参数实行自动调节。PLC系统的主要功能包括：数据采集处理、模拟量控制、显示、报警等。控制系统在正常工作时，每隔一个时间段记录一次系统运行的工况数据，包括热工实时运行参数、设备运行状况等。为保证烟气脱硝设备安全经济地运行，将设置完整的热工测量、自动调节、控制、保护及热工信号报警装置。

第四节　噪声的污染与控制技术

噪声是由不同频率和振幅组成的无调杂音，是人所不需要的声音的总称。凡能产生噪声的振动源称为噪声源。

噪声按照产生机理可分为空气动力性噪声、机械性噪声和电磁性噪声三类。空气动力性噪声是由于空气振动产生的，当空气中存在涡流或气体压力突然发生变化时，因气流扰动而辐射出的噪声，包括旋转噪声、湍流噪声、喷气噪声和激波噪声；机械性噪声是机械设备及其运动部件在运转和能量传递过程中产生的噪声；电磁性噪声是由于铸磁体在交变电磁场作用下发生磁致伸缩引起振动而产生的噪声。对于某一设备，上述三种噪声往往同时存在，例如风机产生的噪声。

噪声的频率范围在20~2 000Hz之间，为人耳可听声音频率范围。人耳对噪声的感觉主要与频率和声强有关。声压是衡量噪声声强大小的主要尺度。频率一定的情况下，声压越大，声音越强。声压的计量指标是声压级。声压级的计算公式见式（7-2）。

$$L_p = 20\lg\left(\frac{P}{P_0}\right) \tag{7-2}$$

式中 L_p——声压级，dB（分贝）；

P——声压，Pa；

P_0——基准声压，$P_0 = 2\times10^{-5}$pa。

噪声的声压级是由声压计测量的。

噪声的主要评价指标是 A 计权声压级 L_p（A），单位 dB（A）。它综合了声压级和频率两者的特性，相当于人耳对 40phone（40dB、1 000Hz）纯音的响度级。在 A 计权声压级的基础上，还延伸出噪声的其他评价指标。比如评价变动噪声的等效声级 L_{eq}。等效声级的计算公式见式（7-3）。

$$L_{eq} = 10\lg\left(\frac{1}{T}\int_0^T 10^{0.1L_A}\mathrm{d}t\right) \tag{7-3}$$

式中 L_{eq} ——等效声级；

T ——某段时间的时间总量，s；

L_A ——变化声压级的瞬间值，dB（A）。

同一场所可能有多个噪声源，噪声的合成有如下两个规律：

两个声压级相同的声音叠加，合成音的声压级为一个声音的声压级加上 3dB；

两个声音声压级相差 10dB 以上，则合成音比其中较强的声音高出不到 0.5dB。因此，在噪声控制中必须抓住主要矛盾，首先把主要噪声源的噪声降下来，才能取得明显的降噪效果。

一、噪声的来源

铝用炭素工业的主要噪声源包括风机（送风机和引风机）、空压机、球磨机、雷蒙磨、筛分、振动成型机、多功能天车、铝用炭素制品机加工、水泵、管路系统和运输车辆等。次要噪声源有吊车、给水处理设备、烟气净化器等。铝用炭素企业噪声的声学特性属于空气动力学噪声、电磁和机械振动噪声和机械加工撞击噪声。由于铝用炭素企业生产是连续生产过程，大多数噪声为固定式稳态噪声，但也有随生产负荷变化而变化的间歇噪声、气动元器件的高压排气间歇噪声以及运输车辆的流动噪声。

铝用炭素工业球磨机等磨粉设备被广泛应用，但球磨机等的噪声污染是非常严重的。经多家现场测定，球磨机在工作状态时，距球磨机 2m 处测试的噪声在 120~130dB（A）。

球磨机噪声主要来自三个方面：一是筒体转动时钢球与钢球、钢球与衬板、钢球与物料等相互撞击而产生的机械性噪声；二是齿轮传动部分产生的机械啮合噪声；三是电机产生的电磁噪声和排风噪声。

球磨机工作时，随着筒体的转动，把壳体内大量钢球抛起，利用钢球的自由落体运动的能量撞击煤粒。经多次撞击，最终把煤粒研磨成粉。但是在钢球被抛起与自由落下的过程中有大量钢球相互碰撞，在筒体内产生直达声。同时有大量钢球撞击在筒体内的衬板上，衬板振动向内辐射直达声，衬板的振动又激励壳体振动，并向内外辐射噪声。钢球与物料对衬板的撞击是造成筒体振动并辐射噪声的主要力源，这种力源是冲击性的，持续时间很短，约 0.1~0.2ms，而且撞击力的频率范围很宽。

球磨机的主要发声部件分为两大类：筒体和辅机。大量测量结果表明筒体是球磨机噪声的主要发声部件，只有当筒体噪声得到抑制以后，辅机噪声才显得突出。球磨机的辅机设备包括电机、排粉机、减速箱和大、小齿轮等。辅机噪声的分类主要有：排粉机的空气动力性噪声（进气噪声及排气噪声）、电机电磁噪声、齿轮的啮合噪声等。这些噪声大约在 90~103dB（A）。与圆柱壳体相比相对较低，大约低 10.15dB（A），只有在筒体噪声得到控制以后，这部分噪声才突出；并且这些辅机设备的噪声治理方法相对比较成熟，因此，球磨机噪声研究与控制的重点是圆柱壳体。

由声场的分析得知声压的最大值发生在钢球激励点处，球磨机筒体辐射的声场为宽频特性，并且频率不同声场分布不同，特别是中频噪声较高。且随着频率的增加，噪声源声压级分布变得无规则。近场声压值较高，不同方向的声压分布变化较大。随着声源距离的增加，这种趋势逐渐减弱，随着频率的增加，近场、远场的声压分布表现得无规律，特别是近场的声压局部变化较大，毫无规律可言。针对声场的分析结果得出球磨机筒体噪声是筒内钢球、衬板及煤料相互撞击的噪声在筒内连续反射而形成的混响声，所以现阶段利用传统的隔声套降噪技术难以取得满意效果，必须通过吸声、隔声的综合手段对球磨煤机噪声进行治理。

引风机噪声和送风机噪声也是铝用炭素企业的噪声。由于风机的种类和型号不同，其噪声的强度和频率也有所不同，一般在 85~120dB（A）之间。风机辐射噪声的部位如下：

①进气口和出气口辐射的空气动力噪声。一般送风机的主要辐射部位在进气口，引风机主要辐射部位在出气口；

②机壳及电动机、轴承等辐射的机械性噪声；

③基础振动辐射固体噪声。风机噪声是以空气动力噪声为主的宽频噪声，空气动力噪声一般比其他部位辐射的噪声高出 10~20dB（A）。

空压机噪声在 90~100dB（A）之间，以低频噪声为主。主要噪声是进、排气口辐射的空气动力学噪声；机械运动部件产生的机械性噪声和驱动机噪声。其中，主要辐射部位是进气口，高过其他部位的 5~10dB（A）。

水泵噪声主要是泵体和电机产生的以中频为主的机械和电磁噪声。噪声随水泵扬程和叶轮转速的增高而增高。

管路系统中的管道和阀门形成了线噪声源。一般情况下，阀门噪声居主要地位。阀门噪声主要有三种：

①低、高频机械噪声；

②以中、高频为主的流体动力学噪声；

③气穴噪声（当阀门开度较小时尤其突出）。管道噪声包括风机和泵的传播声，以及湍流冲刷管壁的振动噪声。

噪声超过 90dB 的工厂被认为是噪声严重的工厂。

二、噪声的控制标准

铝用炭素企业厂界噪声应符合国家标准。厂界外声环境功能区类别主要有 1 类、2 类、3 类、4 类。

1 类声环境功能区：指以居民住宅、医疗卫生、文化教育、科研设计、行政办公为主要功能，需要保持安静的区域。

2 类声环境功能区：指以商业金融、集市贸易为主要功能，或以居住、商业、工业混杂，需要维持住宅安静的区域。

3 类声环境功能区：指以工业生产、仓储物流为主要功能，需要防止工业噪声对周围环境产生严重污染的区域。

4 类声环境功能区：在交通干线两侧一定距离之内，需要防止交通噪声对周围环境产生严重污染的区域。

铝用炭素工业厂界噪声标准应参照企业厂址所在区域的噪声标准类别执行。

三、噪声控制原则

噪声控制应遵循以下五个原则：

①选用符合国家噪声标准规定的设备，从声源上控制噪声；

②合理布置规划总平面布置，尽量集中布置高噪声的设备，并利用建筑物和绿化减弱噪声的影响；

③合理布置通风、通气和通水管道，采用正确的结构，防止产生振动和噪声；

④对于声源上无法根治的生产噪声，分别按不同情况采取消声、隔振、隔声、吸声等措施，并着重控制声强高的噪声源；

⑤减少交通噪声，运输车辆进出厂区时，降低车速，少鸣或不鸣喇叭。

四、常用的噪声控制措施

噪声控制应根据现场情况，既要考虑声学效果，又要经济合理和切实可行。具体控制

主要可从以下三个环节着手：

（一）从声源上根治噪声

噪声的根治主要是通过改进机械设备的设计、提高机械零件的加工精度和装配质量、改革作业工艺和操作方法来达到的。新建工业企业可以通过选用低噪声、高质量设备以及改进作业工艺和操作方法达到这一目的。

（二）在噪声传播途径上采取控制措施

对于声源上无法根治的噪声采取这类降噪措施。具体措施包括：

①采用“闹静分开”的设计原则，缩小噪声干扰范围；

②利用噪声的指向性合理布置声源位置；

③利用自然地形地物降低噪声；

④合理配置建筑物内部房间；

⑤通过绿化降低噪声；

⑥采取隔声措施，如设置隔声屏障、隔声窗等。

（三）在接受点采取防护措施

这类措施实质是个人防护措施，包括耳塞、防声棉、耳罩、防声头盔等。确定具体噪声控制方案时，不同噪声情况采用的主要措施和次要措施是不同的。风机的主要降噪措施有三种：

①在风机的进、出口安装消声器，鼓风机应使用阻性或阻抗复合性消声器；

②加装隔声罩，隔声罩由隔声、吸声和阻尼材料构成，主要用于降低机壳和电机的辐射噪声；

③减振，风机振动产生低频噪声，可在风机与基础之间安装减振器，并在风机的进、出口和管道之间加一段柔性接管。

球磨机的减低噪声污染的措施：

①增加减振垫层：在筒壁（钢板）内侧与锰钢衬板之间加一层减振垫层，减缓钢球对筒壁的冲击，达到延长撞击的接触时间、降低噪声的目的。

②增加隔声套：球磨机隔声套是将多层耐热的不同吸声、隔声材料和结构组成整体，构成一套型结构，将其紧紧地捆箍在球磨机筒体上，随筒体一起转动。球磨机筒体运转时产生的噪声经吸声材料的吸声作用和隔音材料的隔声作用而降低。

目前，国内铝用炭素工业对球磨机降低噪声采用的方法主要有：

①加隔声罩法。就是用一个较大的罩子，将球磨机的辊筒整个罩起来，外壳多为金属，里面衬有带护面的吸声材料。该方法的优点是有较好的降噪效果，一般降噪量可达15~20dB。缺点是占地面积较大，狭窄的地方不能应用。另外，给设备的运行巡视、清理漏碳粉、装卸钢球、维护检修带来麻烦；设备检修时要拆掉隔声罩，检修完又要重新安装，在拆装过程中，给检修人员增加了许多工作量。

②简易包扎法。用工业毛毡、玻璃棉等软质吸声材料和薄钢板（3~4mm）做成弧形的隔声盖板，然后用螺栓紧固在辊筒上，为检修方便，辊筒上固定衬板的四排螺栓不进行包扎，在盖板两端的连接处留有150rad左右弧长的距离。这种方法的降噪量在10dB左右，降噪效果不是太好，费用比隔声罩法稍高。但该方法克服了隔声罩的缺点，不影响设备的维护、检修巡视，也不影响清理漏碳粉和装卸钢球。缺点是由于辊筒不是整体包扎。螺栓形成声桥，噪声从辊筒内沿螺栓向外传播，会降低隔声效果。由于球磨机是低中频噪声，不易被吸声材料所吸收，再加上包扎得又厚又没有减振阻尼措施。因此，降噪效果不太理想。

③在衬板底部设弹性层法。在衬板底部设弹性层，消除衬板和辊筒之间的刚性连接，这种方法不易掌握，弄不好不是无效就是更糟。只有正确选择橡胶垫材料并认真安装，确保隔振质量，才能获得满意的效果。这种方法可降噪15dB以上，但造价昂贵。铺在橡胶垫上的衬板像弹簧球一样，原则上属于一个振动系统，若砸在衬板上的钢球冲击力随衬板的固有频率变化，会导致振幅增大。此时，不管采用什么样的隔振方法都无济于事，只有在振动的噪声频率大于衬板的固有频率时，才能取得明显效果。

④用橡胶衬板代替锰钢衬板法。橡胶衬板较便于安装，同时又有较好的减振阻尼作用，衬板受钢球冲击时，可增加冲击持续时间，从理论上应有较好的降噪效果，可达到20dB的降噪量。但要求橡胶衬板价格很高，而且寿命较短。

空压机的降噪措施主要包括：

①进气口装消声器，应选用抗性消声器；

②机组加装隔声罩，最好做成可拆卸式，便于检修和安装，并设置进排气消声器散热；

③避开共振管长度，并在管道中加设孔板进行管道防震降噪；

④在储气罐内适当位置悬挂吸声锥体，打破驻波，降低噪声。水泵噪声的主要控制措施是安装隔声罩，并在泵体与基础之间设置减振器。

管路系统的噪声控制措施有：

①选用低噪声阀门，比如多级降压阀、分散流通阀、迷宫流道型阀门以及组合型阀门；

②在阀门后设置节流孔板，可使管路噪声降低 10~15dB（A）；

③在阀门后设置消声器；

④合理设计和布置管线，设计管道时尽量选用较大管径以降低流速，减少管道交叉和变径，弯头的曲率半径至少 5 倍于管径，管线支承架设要牢固，靠近振源的管线处设置波纹膨胀节或其他软接头，隔绝固体声传播，在管线穿过墙体时最好采用弹性连接；

⑤在管道外壁敷设阻尼隔声层，提高隔声能力，可与保温措施结合起来，形成防止噪声辐射的隔声保温层。

四、一般工业企业噪声处理

工业企业的生产车间和作业场所的噪声允许值为 85dB（A）。现有工业企业经过努力暂时达不到标准时，可适当放宽，但不得超过 90dB（A）。

控制噪声应从声源、传声途径和人耳这三个环节采取技术措施。

第一，控制和消除噪声源是一项根本性措施。通过工艺改革，以无声或低声的设备和工艺代替高声的设备和工艺，如以焊代铆、以液压代替锻造、以无梭织机代替有梭织机等；加强机器维修或减掉不必要的部件，消除机器摩擦、碰撞等引起的噪声；机器碰撞外用弹性材料代替金属材料以缓冲撞击力，如球磨机内以橡胶衬板代替钢板，机械撞击处加橡胶衬垫或加铜锭合金，以及加工轧制件落地可改为落入水池等。

第二，合理进行厂区规划和厂房设计。生产强噪声车间与非噪声车间及居民区间应有一定的距离或设防护带；噪声车间的窗户应与非噪声车间及居民区呈 90°设计；噪声车间内应尽可能将噪声源集中并采取隔声措施，室内装设吸声材料，墙壁表面装设或涂抹吸声材料，以降低车间内的反射噪声。

第三，对局部噪声源采取防噪声措施。采用消声装置以隔离和封闭噪声源；采用隔振装置以防止噪声通过固体向外传播；采用环氧树脂充填电机的转子槽和定子之间的空隙，降低电磁性噪声。

第四，控制噪声的传播和反射。

①吸声。用多孔材料如玻璃棉、矿渣棉、泡沫塑料、毛毡、棉絮等，装饰在室内墙壁上或悬挂在空间，或制成吸声屏。

②消声。利用消声器来降低空气动力性噪声，如各种风机、空压机、丙烯机等进、排气噪声。

③噪声。用一定材料、结构和装置将噪声源封闭起来，如隔声墙、隔声室、隔声罩、隔声门窗地板。

④阻尼、隔振消声。阻尼是用沥青、涂料等涂抹在风管的管壁上，减少管壁的振动。隔振是在噪声源的基础、地面及墙壁等处装设减振装置和防振结构。如，在锻锤地座上安装防振橡胶垫，在立柱的管内充填沙子等。

第五，个体防护。由于技术上或经济上的原因，噪声超过国家卫生标准的岗位上的职工，多采用个人佩戴耳塞、耳罩或头盔来保护听力。

第六，定期对接触噪声的工人进行听力及全身的健康检查。如发现高频段听力持久性下降并超过了正常波动范围者，应及早调离噪声作业岗位。在新工人就业前体检时，凡有感音性耳聋及明显心血管、神经系统器质性疾病者，不宜从事有噪声工作；尽量缩短在高噪声环境的工作时间；定期对车间噪声进行监测，并对有严重噪声危害的厂矿、车间进行卫生监督，促其积极采取措施降低噪声，以符合噪声卫生标准的要求。

第八章　信息技术下环境遥感监测管理

第一节　环境遥感监测技术的发展与应用

工业发展中的乱排乱放，造成了水资源、土壤、空气等环境污染问题。为了能够全面推动我国经济的可持续发展，就必须加强“三废”排放控制，做好环境监测工作。传统的环境监测存在着时空间隔大、费时费力、无法全面掌握信息、成本高等问题。随着我国科学技术不断发展，当今遥感监测技术在各个行业中的应用愈加广泛，采用遥感监测技术能够在很大程度上弥补传统环境监测中存在的问题，对于保护国内环境、实现经济长足发展有着重要意义。随着我国环境问题愈加突出，宏观、便捷、全面的遥感技术已经成为环境监测中最为重要的技术之一。

一、环境遥感技术的发展现状及趋势

（一）对地观测系统的发展现状

环境遥感是指利用卫星、无人机等平台上的光学、微波和电子光学遥感仪器从高空接收被测环境物体反射或辐射的电磁波信息，并加工处理成能识别和揭示环境现象物理属性、形状特征和动态变化信息的科学技术。其主要任务是利用遥感手段提供全球或局部地区的环境遥感图像，从而获取地球各种环境要素的定量数据。环境卫星通过多谱段、多时段、多空间分辨率的影像数据，能提供大范围、宏观、连续性监测信息，预报污染发展趋势，在环境监测领域应用具有无可替代的优越性。

随着全球性环境问题的日益突出，环境卫星已受到国际上的高度重视。目前，全球拥有或运营遥感卫星的国家达到 30 多个，全球在轨卫星总数达 260 多颗，总体呈现综合性大平台环境观测卫星与专业性环境监测小卫星星座共同发展的格局。我国民用遥感体系以

气象、资源、海洋、环境等四大卫星系列为主，均已建成卫星地面应用系统。

（二）环境遥感监测能力的现状

近年来，我国不断加强环境专用卫星和无人机遥感监测能力建设。航空遥感监测方面，我国民用无人机研制技术日渐成熟，环保部门设立了专门的航空环境遥感机构，形成了突发环境事件、重点区域环境污染源无人机遥感监测能力，填补了环保系统航空环境遥感的空白，可初步满足污染防治、环境执法、环境应急等环境管理工作需要。

（三）环境遥感技术的发展现状

光学遥感技术起步早、应用多，目前可探测的水环境指标包括叶绿素 a、悬浮物、透明度、可溶性有机物等；大气环境指标包括大气气溶胶、臭氧、二氧化硫、二氧化氮、二氧化碳、甲烷等；生态环境指标包括土地覆盖、植被覆盖度、叶面积指数、生物量、地表反照率、土壤含水量等；热红外遥感技术可探测地表和水体温度；高光谱遥感技术可精细探测不同类型的大气、水环境污染物；微波遥感技术能够提取地物的散射系数、极化系数等各类信息，可有效监测溢油、水华等污染；激光雷达能够测量大气气溶胶、空气分子、气体密度等；微波辐射计可观测大气温度、臭氧、气溶胶、云层含水量、海冰等。典型遥感应用方面，美国等发达国家利用多源遥感信息，在土地利用/土地覆盖分类、生态环境质量动态监测和评价、大尺度生态系统状况评估、生物物理参数信息提取等方面已实现了业务化。我国环保、国土、测绘、林业、气象、海洋、水利等部门，均开展了一系列遥感应用并在各自的领域里发挥了重要的技术支撑作用。

（四）卫星地面应用系统的发展现状

卫星地面应用系统主要由数据中继系统、地面站、数据与运营系统、分布式存档中心、用户等组成，通常采用一体化网络系统进行数据接收、分散处理及一站式数据分发。我国天基对地观测系统的运行维护大多由各个行业部门负责，初步建成了卫星地面系统和数据处理中心，卫星遥感应用已经由科研试验阶段向业务化应用型转变。

（五）环境遥感监测的发展趋势

环境遥感监测将进入一个高分辨率、多层、立体、多角度、全方位、全天候对地观测的新时代。空间对地观测系统将向集成一体化、全方位、精细化方向发展，环境遥感载荷系统将向专业化、多样化、智能化方向发展，数据资源将更加丰富。定量遥感技术将不断深入，实用化程度将逐步加强。环境遥感监测将向天地一体化、物联网技术方向发展，环境应用系统将向大数据管理的云计算、云服务网络化平台发展，环境遥感应用将向业务化、实用化方向发展。

二、环境遥感监测工作的开展情况

（一）环境遥感应用的拓宽与深化

近年来，在有关部门的共同努力下，环境遥感监测和应用能力显著提升，环境保护部成立了卫星中心，建成了环境遥感应用业务大楼，形成了环境遥感业务化应用技术体系和运行能力，拥有了一支专业技术队伍，遥感应用支撑服务环境管理成效明显。

从国家层面来看，环保部门大力开拓环境遥感技术在污染防治、生态保护、环境执法、环境应急、核安全监管等领域的应用，近几年来，卫星中心在支撑环境管理方面发挥了重要作用。

（二）环境遥感科研

环境保护部组织建成了国家环境保护卫星遥感重点实验室。组织实施高分辨率对地观测系统重大专项、水体污染控制与治理重大专项有关课题以及环境遥感相关国家科技支撑项目、环保公益项目等 10 多项，在环境专用载荷、图像处理、环境监测与评估指标、参数反演等方面取得若干创新成果，获国家科技进步二等奖 1 项、省部级科技奖项 3 项，登记软件著作权 14 项，获批专利 7 项，出版专著 20 多部。

（三）交流与合作

环境保护部先后组织开展了全国环境遥感应用技术培训，培训人员近千人，地方环境遥感应用的积极性和主动性明显增强。广泛开展技术交流与合作，与科技部国家遥感中心、中国遥感应用协会、有关高校和科研院所等建立了合作交流机制，与美国、加拿大、澳大利亚、荷兰、德国等国外相关研究机构建立了交流互访机制，依托典型环保部门建成多个环境遥感应用基地，有力地推进了地方环境遥感应用。

三、环境遥感监测技术的应用

（一）大气环境监测

充分利用微波、红外线以及计算机技术等，分析大气中的物理机制以及运动规律，这

样即可区别大气中不同的信号特征，分析大气各项数据信息的浓度、运动状态、气象要素等。结合大气组成在不同波段下的特点，即可对大气含量水平进行监测。当今遥感技术已经能够分析大气污染情况和污染源；反映植物季节变化规律以及遭到污染的差异，通过植物对大气污染表现的指示性，明确大气污染程度以及范围；以地面采用作为参考数据，结合遥感技术进行综合分析，构建参考数据和实际图像数据的定量关系；采用飞行器承载大气监测传感器，对监测地区进行采样分析，之后对信息数据进行处理。

（二）水环境遥感监测

在水环境监测过程中，遥感技术的应用主要是将污染水、清洁水的反射谱特性作为基础，由于清洁水具有更强的光吸收特性，反射率更低，会在广谱区较短的谱段上呈现更强的分子散射性。所以，清洁水体在遥感影像上主要是以暗色调为主，特别是在红外线谱段上表现得更加明显。综合考虑时间、空间、光谱分辨率数据的可获取性，可以通过利用TM 数据以及 SPOT 卫星的 HRV 数据、IRS-IC 卫星数据、NOAA 气象卫星的 ASHRR 数据等监测水环境。水环境遥感监测中的重要内容包括：水体浑浊度、热污染度、叶绿素含量、有机污染物等。现如今，我国对叶绿素、水体浑浊度的定量监测技术最为成熟。

（三）生态环境遥感监测

生态环境检测的对象分别为农田、森林、海洋、荒漠、动植物等内容，但是其主要应用范围是土地领域，可以实现大范围的土地利用情况监测、生态区域调查、大范围环境污染调查等。

四、环境遥感监测技术的发展趋势

首先，在遥感影像获取技术层面上，随着高性能传感器研究水平的不断加强以及环境监测对遥感影像的精度要求提高，提高空间光谱分辨率已经是遥感影像发展的重要方面。雷达遥感技术可以实现全天候的监测，并且对地物的穿透能力更强，将会得到更加广泛的应用。以地球为研究对象的综合技术已经成为主流。其次，在信息模型发展方面，通过拓宽遥感信息机理模型，特别是遥感信息模式和人工智能系统结合方面势必成为重要的发展趋势。最后，在数据共享层面，结合国际资源环境卫星系统，加强与国际上的交流，实现不同数据的共享与融合。

第二节　天地一体化环境遥测技术体系

环保部门不断实践和探索“天地一体化”工作机制和模式，已经逐步形成环境遥感监测业务运行技术体系，构建了环境遥感监测与评价业务运行方案。

一、天地一体化环境监测预警

天地一体化环境监测预警是指充分发挥卫星和航空环境遥感监测大范围、快速、动态、客观等技术特长，紧密结合地面环境监测的精确性、综合性、追踪性等特点而形成的一种立体式环境监测预警体系。

“天”即指环境遥感监测预警，包括卫星环境遥感监测预警（以卫星为飞行平台搭载传感器对地表环境状况等进行宏观监测预警），以及航空环境遥感监测预警（主要以无人机为飞行平台搭载传感器对地表环境状况等进行精细监测预警）。环境遥感监测预警的特点是宏观、快速、动态、客观和数据的连续性，主要监测对象为宏观层面的水、大气、生态等环境状况。国家层面的环境遥感监测预警工作主要由环境保护部卫星环境应用中心承担；地方层面的环境遥感监测预警工作主要由地方环境监测站承担。

“地”指地面环境监测预警，即按照环境标准及相关技术规范，对水、气、土壤、辐射、生物等环境中相关因子的浓度、数量、分布等以及污染物排放状况进行分析、评价和监督的活动。地面环境监测的特点是微观、精确、网络化和数据的离散性，主要监测预警对象为监测点位覆盖范围的微观层面的水、气、生态、土壤、辐射、生物等环境状况。国家层面的地面环境监测预警主要由中国环境监测总站承担，地方层面的地面环境监测预警工作主要由地方环境监测站承担。

综上，宏观层面的环境遥感监测预警和微观层面的地面环境监测预警优势补充，同为国家环境监测预警的重要组成部分，二者有机结合形成了天地一体化的立体式环境监测预警体系。

二、环境遥感业务的运行方案

业务运行包括环境卫星遥感影像数据产品的分发、环境卫星定量反演产品的分发与服务，以及水、气、生态等方面的卫星环境遥感监测等。

（一）环境卫星遥感影像产品的生产、分发与服务

面向环境遥感业务应用，开展以环境卫星为主要数据源的基本图像数据产品生产、分发与服务，主要包括几何精校正产品、正射影像产品和大气校正产品，形成基本图像数据产品库，支持水环境、大气环境和生态环境的遥感监测与应用，同时满足向社会提供标准数据产品的需求。开展遥感专题制图产品的制作，为管理部门和地方提供标准制图服务。

（二）环境卫星专题产品生产与分发服务

通过环境专题信息的遥感反演，制作成专题数据产品，并对数据产品进行真实性检验，在此基础上，进行专题产品的生产、分发服务。生产的专题产品主要有植被指数（NDVI）、增强植被指数、植被覆盖度、叶面积指数（LAI）、光合有效辐射吸收系数（FPAR）、植被净第一性生产力（NPP）、地表蒸散（ET）、地表温度（LST）、土壤含水量、土地利用/覆盖、生态系统类型、景观生态指数等。数据产品为区域生态环境遥感监测与评价应用、相关部门和地方环境管理提供基本专题数据支持。

（三）水环境遥感监测与评价

1. 全国九大湖库水体富营养化遥感监测

利用环境卫星或其他卫星数据，结合同期的地面实测数据，对全国九大湖库水体的富营养状态进行遥感监测。主要监测指标为营养状态指数，基于营养状态指数对水体的富营养化进行分级分析。

2. 全国重点湖库的水华遥感监测

利用环境卫星或其他卫星数据，对全国重点湖库的水华情况进行遥感监测。主要监测内容为水华分布的面积及发展趋势。日报监测范围为太湖、巢湖；周报监测范围为几个重点湖库；月报与年报的监测范围为二十多个重点湖库。如果有突发情况，可以实现按需进行监测。

3. 全国典型饮用水水源地遥感监测与评价

利用环境卫星或其他中高分辨率卫星数据，对全国典型饮用水水源地进行遥感监测与评价。主要监测内容为水体制图、水体消落带的提取、取水口周边情况排查、水源地保护生态安全评价。

4. 全国近岸海域水环境遥感监测

利用环境卫星或其他中高分辨率卫星数据，对全国近岸海域水环境进行遥感监测。主

要监测内容为海岸带线提取、海岸带人类活动、近岸海域主要水质参数和泥沙堆积情况。主要监测区域为渤海的渤海湾、黄海的胶州湾、东海的舟山群岛海域、南海的港澳海域。

5. 全国跨国界河流遥感监测

利用环境卫星或其他中高分辨率卫星数据，对全国跨国界河流进行遥感监测。主要监测内容为跨国界河流制图、境外河流及岸边情况调查、河道变化。主要监测范围为十几条跨国界河流。

6. 全国重点河流水资源监测

利用环境卫星或其他中高分辨率卫星数据，对全国重点河流的水资源情况进行遥感监测。主要监测内容为河宽、河流的断流、封冻期等，主要监测范围为北方大中型河流，主要是黄河和松花江。

7. 全国重点流域水环境遥感监测

利用环境卫星或其他卫星数据，对全国重点流域的水环境进行遥感监测，主要监测内容为流域内水域面积、重大人类活动影响、非点源总氮总磷、流域水环境生态评估，主要监测范围为太湖流域和鄱阳湖流域。

8. 水环境应急监测

利用环境卫星或其他卫星数据，对水环境方面的紧急情况进行应急监测。主要监测内容为溢油分布、溢油面积及变化、赤潮分布、赤潮面积及变化。

(四) 大气环境遥感监测与评价

1. 颗粒物污染遥感监测

利用环境卫星、MODIS、CBERS 等数据，对华北平原、长三角、珠三角等重点研究区进行颗粒物污染监测。主要监测指标是 PM 10浓度分布、等级。

2. 霾等级及污染遥感监测

利用环境卫星、MODIS 等数据，对全国进行霾等级及污染监测。监测指标为霾的分布、等级、面积分析及统计。

3. 沙尘遥感监测

利用环境卫星、MODIS 等数据，对中国北方地区进行沙尘遥感监测。监测指标包括沙尘的分布、强度、面积及分析统计。

4. 秸秆焚烧遥感监测

利用环境卫星、MODIS、NOAA 等数据，在全国范围内开展秸秆焚烧遥感监测。监测

热异常点分布及火点数目。

5. 污染气体/温室气体遥感监测

以 OMI、AIRS 为数据源，在全国范围内进行污染气体遥感监测。监测指标为二氧化氮、二氧化硫、一氧化碳的浓度及分布；以 AIRS 为数据源，在全国范围内进行温室气体遥感监测，监测指标为甲烷、二氧化碳的浓度及分布。

6. 区域环境空气质量遥感分析与评价

以环境卫星、MODIS 及国外卫星气体监测数据为数据源，在华北平原、长三角、珠三角等重点研究区开展区域环境空气质量评价工作。主要包括 PM 10、能见度、二氧化氮等环境指标。

（五）生态环境遥感监测与评价

1. 国家级自然保护区遥感监测

利用环境卫星及高分辨率遥感数据，对国家级自然保护区的生态环境质量现状和动态变化进行监测。监测指标包括：保护区内核心区、缓冲区和试验区的城镇、居民点、工矿企业、道路和农田分布及面积，人类干扰指数，土地利用程度，归一化植被指数，景观多样性指数，景观破碎度指数，生态弹性度指数。

2. 重要生态功能保护区生态遥感监测

利用环境卫星数据、生态系统分类产品数据、土地利用产品数据和其他辅助数据，监测生态系统结构及面积变化，生态类型转移分析，人类干扰和生态破坏程度，景观格局指数，主要生态功能变化等生态功能保护区的生态环境状况；并对重要生态功能区的生态系统结构和服务功能进行评价，为国家的重要生态功能区管理提供监测与评价应用数据产品和技术支持。

3. 全国生态环境状况遥感监测与评估

利用环境卫星等遥感数据，对全国生态环境质量相关因子进行遥感监测，并在此基础上，结合必要的地面监测数据，进行生态环境质量评价，为相关环保部门进行宏观生态管理和生态建设提供技术支持。包括生态系统宏观结构监测、生态系统自然条件监测、生态系统生产力监测和生态系统人类胁迫信息监测。据此，进行生态环境质量指数（EI）的计算，完成对全国生态环境质量的综合评价。

4. 生物多样性遥感监测

利用环境卫星及其他高光谱、高分辨率遥感数据，不同单植被群落实测光谱数据，地面生物多样性调查数据及其他如地貌图、植被图、生态系统分类图等辅助数据，主要监测植被指数 NDVI、香农多样性指数、生态系统多样性、景观丰富度和景观多样性、外来入侵物种。

5. 重大工程遥感监测

利用环境卫星数据，结合其他遥感数据源和地面调查数据，对正在施工建设和已经建成的大型工程对生态环境的影响进行监测与评价。主要监测大型工程开工状态、建设过程，面积、数量、空间分布，是否属于未批先建，已建工程生态占用，工程生态影响（植被覆盖、水环境污染、粉尘污染、水土流失、景观格局变化等）等。

6. 土地退化遥感监测

利用环境卫星遥感数据，辅以地面调查数据及基础地理数据等，对全国和重点区域土壤侵蚀面积、沙化土地面积、盐碱化土地面积、土壤侵蚀强度、沙漠化强度、综合土地退化强度等土壤退化状况进行遥感监测，对土壤退化程度进行分析。为国家土壤生态环境管理提供应用数据产品和技术支持。

7. 自然灾害与次生地质灾害应急遥感监测

利用环境卫星数据，对突发性区域生态环境灾害及其造成的次生地质灾害、生态敏感目标的破坏和生态环境质量状况进行遥感应急监测和评价，为灾区生态环境规划恢复提供技术支持。主要包括雪灾冻害、地震、干旱等生态环境遥感监测。

8. 固废遥感监测

利用环境卫星及其他多源遥感数据、基础空间数据等辅助数据，通过固废信息提取，对固废堆放场的空间分布和面积，空间位置及其动态变化、生态恢复状况及周边环境变化进行遥感监测，为国家固废管理提供技术支持。

9. 城市生态环境质量遥感监测与评价

利用环境卫星及部分高分辨率遥感数据，对重点城市如直辖市、省会城市等进行生态环境质量遥感监测和评价，制作应用数据产品。内容包括城市土地利用遥感监测、城市绿地遥感监测、城市湿地遥感监测、城市热岛效应遥感监测、城市裸露土石方遥感监测等，为环保相关部门城市生态管理和决策提供相关技术支持。

10.全球变化遥感监测

利用环境卫星数据，结合其他遥感数据源和社会统计数据，对全球变化响应敏感区域的冰雪覆盖面积、雪线、海岸线及其对全球变化的反应进行遥感监测。对自然生态系统的碳排放进行遥感估算，定位碳源汇的空间分布，结合社会经济碳排放数据，对中国的碳排放进行估算。

三、天地一体环境监测技术体系

（一）遥感数据处理与专题图制作技术体系

遥感影像的处理以解压缩、帧同步、分景后的影像为起始处理对象，经辐射定标、大气校正、几何校正等预处理生成各级产品。在此基础上可进行融合、镶嵌、变化检测、分类、影像分析等处理，生成满足应用目标的专题产品及应用产品。

1. 辐射定标

把图像上的 DN 值转为辐亮度或反射率，以确定传感器入口处的准确辐射值。光学遥感器校正包括绝对定标和相对定标，该处理过程是遥感数据定量化的基础。

2. 大气校正

指为消除传感器在获取地表信息过程中大气分子、气溶胶等的吸收和散射影响而进行的辐射校正，可分为绝对校正和相对校正。

3. 几何校正

原始影像像元在图像坐标系中的坐标与其在地图坐标系等参考系统中的坐标之间存在差异，几何校正即为消除这种差异的过程，主要包括系统几何校正、几何精校正和正射校正。系统几何校正是根据卫星获取影像时的轨道和姿态参数，利用精轨或 GPS 轨道和相应成像时刻的卫星姿态参数，建立粗略的像点和地面点的几何关系，完成系统成像过程中几何变形的粗校正，获得具有地理编码的影像数据。

4. 图像掩膜

按照一幅图像所确定的区域，采用掩膜的方法从相应的另一幅图像中进行选择裁剪，产生一幅或若干幅输出图像。首先按研究范围建立感兴趣区，然后以此建立 mask 图，即 0-1二值化处理图像，与子区影像数据进行相乘运算。将感兴趣范围内的光谱值乘以 1 并予以保留，将范围以外的光谱值乘以 0 并予以取消，得到与感兴趣范围相同的图像。

5. 数据融合

将高分辨率影像的空间信息和较低分辨率的光谱信息综合起来，实现优势互补，从而补充单一影像上空间和光谱信息的不足，扩大信息的应用范围，提高遥感影像分析的精度。

6. 影像镶嵌

将多张经几何校正的遥感图像，按一定的精度要求，互相拼接镶嵌成整幅影像图的作业过程。主要包括将多幅影像从几何上拼接起来，以及消除几何拼接以后的图像上因灰度（或颜色）差异而出现的拼接缝。

7. 区域分幅产品生产

在经几何精校正的影像和无缝镶嵌遥感影像产品基础上形成满足需求的区域或分幅产品。前者是按行政区划、重要城市化区域、重点生态脆弱区、大型工程项目区、生态建设区等区域进行分幅，按照调查区域边界范围裁切镶嵌影像。后者是按照标准分幅方式裁切，具体分幅与编号按照国家基本比例尺地形图分幅和编号规定。

8. 专题图制作

环境遥感专题地图可分为叠加地理要素的普通影像地图和叠加环境专题要素的环境影像地图。普通影像地图综合了遥感影像和地形图的特点，在影像的基础上叠加了等高线、境界线、沟渠、道路、注记等内容；专题影像地图以遥感影像做基础底图，通过解译并加绘有专题要素位置、轮廓界线和注记等，具有较强的表达能力。遥感影像必须层次丰富，清晰易读，色调均匀，反差适中。图上地物点对于附近控制点、经纬网或公里格网点的位置中误差不大于±0.50mm，特殊情况下不大于±0.75mm，根据制图需要可适当放宽，但不应超过上述指标的两倍。输出分辨率为300~600dpi，扫描分辨率为1 200~2 400dpi。图形应清晰，无发糊虚断现象，色彩应统一，色值应正确。

9. 质量检查

质量检查标准参考国家相关的规定，主要包括：检查各要素符号是否正确，尺寸是否符合标准规定；检查各要素关系是否合理，是否有重叠、压盖现象；检查各名称注记是否正确，位置是否合理，指向是否明确，字体、字号、字向是否符合规定；检查注记是否压盖重要地物或点状符号；检查图面配置、图廓内外整饰是否符合规定，是否正确、完整；检查图面要素表示方法是否符合国家有关地图管理规定。

（二）天地一体化水环境遥感监测技术的体系框架

遥感在水质指标中的研究应用，从最初单纯的水域识别发展到对水质指标进行遥感监测、制图和预测，从定性发展到定量。水环境遥感监测指标体系包括空间、物理、化学、生物、综合等5大类15项指标，叶绿素a、悬浮物、CDOM、水温等可以通过光谱特征直接进行遥感分析，其他指标较难找到独立的光谱特征，须利用不同物质之间的相关关系间接进行遥感分析。

（三）天地一体化生态环境遥感监测体系框架

考虑到地面观测数据的重要作用，为了更好地实现天地一体化生态环境监测，进一步增加反演模型的可靠性与精确性，要同时开展生态系统参数野外观测。地面生态环境监测主要是通过布设不同尺度大小的样区和样地，对不同类型生态系统进行包括生物量、植被盖度、叶面积指数等参数观测。一般通过实地调查、专业仪器以及布设样线法和样方等方法获取生态参数，对不同类型的生态系统，需要观测的内容各不相同。

第三节　环境遥感监测业务运行

一、环境遥感监测业务的开展情况

面向新时期环境保护工作的要求，围绕国家已发布和即将发布的规定，环保部门积极开展环境遥感监测业务，在大气环境遥感方面形成颗粒物 PM2.5、灰霾、秸秆焚烧、污染气体遥感监测四项核心业务；在水环境遥感方面形成水华、水质、饮用水水源地、良好湖泊、面源污染遥感监测五项核心业务；在生态环境遥感方面形成生态保护红线区、自然保护区、重点生态功能区、资源开发区、生物多样性优先区、跨界区域、农村生态环境遥感监测七项核心业务；在环境监管遥感方面形成污染源排查、环境专项执法、环境应急、环评遥感监测等四项核心业务。主要包括以下方面：

（一）面向大气污染防治的环境遥感监测

1. 大气颗粒物及灰霾监测

以可吸入颗粒物（PM2.5）、灰霾为主要监测指标，对全国范围以及京津冀、长三角、珠三角、成渝地区、关中地区等重点城市群，对中东部地区、典型环境空气污染区域等进行遥感监测、预警和评价，支撑服务大气污染防治工作。

2. 重点区域污染气体监测

以二氧化硫和氮氧化物为主要监测指标，对辽宁中部、山东半岛、武汉及其周边、长株潭、成渝、台湾海峡西岸等主要城市群污染气体浓度及分布进行遥感监测；对大中城市及其近郊、酸雨污染严重地区等进行遥感监测；对国控重点污染源，煤炭、冶金、石油化工、建材等行业的工业废气点污染源进行卫星遥感监测；对典型工业聚集区重点污染企业进行无人机遥感核查。

3. 全国秸秆焚烧动态监测

夏、秋两季对全国主要农业区的秸秆焚烧及其环境影响进行监测、分析和评价。为国家和地方环境监察执法提供依据，保障区域环境空气质量安全。

4. 重点区域沙尘、扬尘监测

针对我国北方沙尘集中发生区域、重点城市及周边区域扬尘等，开展沙尘分布范围、动态变化遥感监测与预警，开展沙尘天气对城市空气质量影响评价；针对中哈、中俄等跨界地区，对沙尘源头、移动路径、沙尘强度、暴发频率进行遥感监测与预警。

5. 重点区域温室气体监测

以二氧化碳、甲烷、臭氧等温室气体遥感监测为重点，开展温室气体重点排放源监测。对全球变化敏感区域的环境空气质量变化进行遥感监测、预警和评价，支撑服务我国环境履约、环境外交等工作。

（二）面向水污染防治的环境遥感监测

1. 内陆大型水体水环境监测

以水华和叶绿素、悬浮物、透明度、富营养化指数等为主要监测指标，对太湖、巢湖、滇池、洞庭湖、鄱阳湖、丹江口水库等水体水质进行监测；以湖泊水质和湖泊岸边带人为活动、汇水区生态环境状况为监测重点，开展全国良好湖泊水环境遥感监测。

2. 饮用水安全保障与执法

针对饮用水水源保护区专项执法检查工作需要，开展城市集中式饮用水水源保护区、汇水区内违法建设项目和排污口遥感监控，开展水源地生态环境和汇水区风险源遥感监测与调查；开展南水北调工程沿线保护区风险源等遥感排查和监控。

3. 流域水环境监测

以重点流域植被覆盖、水体分布、河网密度等生境指标为主，对流域水生态质量进行遥感监测和预警；开展重点流域内闸坝建设情况，流域工业园区分布，河滨带、河滩地开发利用情况遥感监测。

4. 典型水污染源监测

以总氮、总磷、氨氮、化学需氧量为主要监测指标，开展全国重点流域面源污染遥感估算；针对沿江沿河的化工、造纸、印染等几类大型企业，开展有害物质工业污染源及工业污水排放口遥感调查，特别对水源保护区上游的大型企业群进行长期的遥感动态监控；开展全国核电厂温排水影响范围遥感监测与评估。

5. 水环境异常巡查

基于中低分辨率卫星遥感普查、高分辨率卫星/无人机遥感详查、地面核查的“三查”业务模式，开展全国重点水体湖泛、水华等水色异常问题，重点流域水生态异常，重点海域赤潮、溢油和浒苔等环境遥感巡查和应急监测。

6. 近岸海域水环境监测

以叶绿素、悬浮物、透明度等为监测重点，开展渤海、黄海、东海、长江口、珠江口等海域水环境质量遥感监测，开展环渤海、北部湾、三亚湾等近岸海域开发利用状况遥感监测，开展大亚湾、洋浦湾等近岸海域主要航道浮油遥感监测，开展全国典型区域海岸带滨海湿地、红树林等水生态环境遥感监测，开展重点海域岸线遥感监测。

（三）面向国家生态保护的环境遥感监测

1. 全国生态环境变化调查与评估

根据国家生态管理需要，每五年开展一次全国尺度、典型区域尺度和省级尺度的生态环境遥感调查，动态反映生态系统格局、质量、服务功能状况，查明区域生态环境问题与胁迫，提出全国生态保护对策与政策建议；同时，须指导地方环保部门开展生态环境遥感调查与评估，按照国家统领、省部联动的工作思路，完成各省生态环境遥感调查评估。

2. 全国生态保护红线监管

基于遥感划定全国及省级生态保护红线区域，对重点生态功能区、生态敏感区、生态脆弱区等生态红线划定区进行生态保护红线遥感监测，监控红线区域生态系统变化、生态功能与质量、人为干扰、生态风险等状况。同时，生产加工生态保护红线相关遥感影像、生态系统分类和生态参数产品，满足有关单位对遥感数据及各级应用产品的需求。

3. 典型区生态环境监测与评估

开展自然保护区生态环境和人类活动影响监控，开展生物多样性优先区生境及外来物种入侵状况遥感监测与评估，以及易灾区、国家森林公园和国家风景名胜区生态状况遥感调查与评估；开展重要生态服务功能区动态监测，评估水源涵养、洪水调蓄、防风固沙、水土保持等生态服务功能；开展国家重点生态功能区县域生态环境质量考核无人机遥感核查。

4. 区域生态资产和生态承载力评估

开展全国和典型区域生态系统遥感动态监测与评估，构建基于遥感的生态资产与生态承载力计算与评价指标体系，开展生态资产负债表编制与区域生态承载力核定；基于区域生态承载能力和生态载荷现状评价结果，揭示区域的主要生态问题，并对区域生态保护和可持续发展提出相应对策和建议。

5. 城市和农村生态环境监测

对城镇及其周边生活垃圾堆放、危险废弃物产生重点企业，以及铬渣等历史堆存和遗留危险废弃物场地进行遥感监测；对城市绿地、城市热岛、城市土地开发利用等进行遥感监测与评估；开展重点流域、区域农村面源污染遥感调查；对农村环境连片整治环境处理设施建设情况、畜禽养殖场环境治理设施及有机食品基地环境状况进行遥感监测等。

6. 国家重大生态保护治理工程建设效果评估

对天然林保护、天然草原恢复、退耕还林、退牧还草、退田还湖、防沙治沙、水土保持等生态治理工程进行遥感监测，并综合评估工程实施成效。

7. 土壤污染状况监测与评估

针对重金属、有机污染等不同土壤污染类型，对污灌区、固体废物堆放区、矿山区、油田区、工业废弃地等土壤污染状况进行遥感监测和评估；对铅、汞等土壤重金属污染重点防控区进行遥感监测和评估。

(四) 面向环境监察执法的环境遥感监测

1. 日常环境监察执法

对重点工业聚集区大气污染源、重点水源保护区水污染源、国家重点生态功能区县域生态环境质量变化、典型生态破坏问题、热点环境污染问题、企业偷排、垃圾堆放、城市扬尘等进行卫星和无人机遥感监测。

2. 环境专项执法检查技术支持

利用遥感技术动态监测区域生态环境状况变化，支撑自然保护区专项执法检查、集中式饮用水水源保护区专项执法检查、矿产和旅游资源开发活动专项执法检查、非污染建设项目（水电、公路、铁路等）专项执法检查等，服务国家和地方环境监察执法管理。

3. 资源开发区生态环境监管

对全国重点开发区的生态环境变化、全国植被长势异常、资源开发活动造成的生态破坏进行监测与评估；对全国重点矿区开发建设活动生态环境影响进行监测与评估；对全国重点生态工程区生态破坏状况进行监测与评估；对磷石膏、赤泥、锰渣、铸造废砂等大宗工业固体废弃物堆存情况开展遥感调查。

4. 核电站建设情况动态监控

对全国在建和拟建核电站建设情况进行遥感动态监测，对已建核电站生态环境影响进行监测与评估，对核电站温排水情况等进行遥感监测，对核电站泄漏及相关污染进行遥感监测预警，支撑额服务国家的核安全监管。

（五）面向环境应急与风险防控的环境遥感监测

1. 突发环境事件应急监测

开展重点水域赤潮、溢油以及突发水华、热污染等遥感应急监测，开展污染物泄漏、危险品爆炸、尾矿垮塌、有毒有害品扩散等遥感应急监测、预警与评估，支撑服务国家环境应急管理决策。

2. 自然灾害应急监测与评估

开展地震、泥石流、滑坡、洪涝、火灾、雪灾等自然灾害引发的环境事故遥感应急监测，以及自然灾害生态环境影响评估。

3. 重点环境风险源调查与评估

利用遥感技术调查评估我国重点环境风险源和环境敏感点，摸清环境风险高发区和敏感区，开展全国尾矿库、重点化工园区环境敏感点遥感监测，开展沿海石化、冶炼、石油开采等潜在环境风险源遥感监测等。

（六）面向环境影响评价的环境遥感监测

1. 国家大型工程、重大项目环保验收及环评监理

对三峡工程、南水北调、青藏铁路等国家重大工程生态环境影响进行遥感监测与评估，对沿海主要港口及航道、重点流域水电开发状况进行遥感监测，对公路、铁路、输油（气）管道等线性工程沿线环境敏感目标进行遥感监测。支持工程施工前环境影响评价、工程施工过程监理、工程竣工验收等环评管理工作。

2. 战略环评、规划环评、生态文明建设规划等

开展五大战略环评区（环渤海沿海地区、海峡西岸经济区、北部湾经济区沿海、成渝经济区、黄河中上游能源化工区）生态遥感监测与环境影响评估；针对区域、流域开发利用等综合性规划以及工业、农业、畜牧业、林业、能源、水利、交通、城市建设、旅游等专项规

划，开展规划环评遥感业务；开展全国和地方生态文明建设规划遥感应用技术支持。

（七）面向跨界环境问题应对的环境遥感监测

1. 跨界流域环境问题监测与评估

开展跨界流域生态遥感监测、跨界污染纠纷调查遥感技术支持等，对东北、西北、西南等跨国界河流进行大范围遥感监测，增强解决跨境河流争端能力，提高我国在流域国家之间谈判的话语权。

2. 我国北方跨界生态变化监测与评估

开展我国北方、蒙古国及中亚等五国生态环境变化态势监测与评估，开展北方跨界地区沙尘遥感监测预警等工作，获取客观、准确的跨界生态环境现状及变化信息，支撑服务于环境外交管理。

二、环境遥感监测业务产品体系

业务运行产品体系包括环境卫星遥感影像数据产品，环境遥感定量反演专题产品，以及水环境、大气环境、生态环境等方面的卫星环境遥感监测业务化应用产品，为环境管理和决策服务提供信息服务。

（一）卫星遥感影像数据产品

卫星遥感影像数据产品包括基本图像数据产品、初级图像产品和遥感专题制图产品。

（二）环境遥感专题数据产品

环境遥感专题数据产品主要指基于遥感影像，通过环境遥感定量反演得到的专题产品，包括地表参数专题产品、生物物理参数专题产品、地表物理参数专题产品。

（三）环境遥感监测业务化应用产品

环境遥感监测业务化应用产品是在开展水、气、生态等方面的卫星环境遥感监测基础上，对结果进行分析与评估，以报告和图件形式表达。目前，已经构建了环境遥感业务化产品体系，其中约三十项产品已经实现业务运行，支持各级管理部门和社会公众可视化，以便了解我国生态环境状况及时空变化。

参考文献

[1] 王海萍，彭娟莹. 环境监测［M］. 北京：北京理工大学出版社，2021.
[2] 李理，梁红. 环境监测［M］. 武汉：武汉理工大学出版社，2018.
[3] 曲磊. 环境监测［M］. 北京：中央民族大学出版社，2018.
[4] 刘雪梅，罗晓. 环境监测［M］. 成都：电子科技大学出版社，2017.
[5] 汪葵，吴奇. 环境监测［M］. 上海：华东理工大学出版社，2013.
[6] 李花粉，隋方功. 环境监测［M］. 北京：中国农业大学出版社，2011.
[7] 梁红. 环境监测［M］. 武汉：武汉理工大学出版社，2003.
[8] 奚旦立，刘秀英. 环境监测［M］. 北京：高等教育出版社，1987.
[9] 张宁红等. 环境监测［M］. 北京：中国环境科学出版社，2003.
[10] 刘德生. 环境监测［M］. 北京：化学工业出版社，2001.
[11] 矫彩山. 环境监测［M］. 哈尔滨：哈尔滨工程大学出版社，2006.
[12] 杨承义. 环境监测［M］. 天津：天津大学出版社，1993.
[13] 冯启言. 环境监测［M］. 徐州：中国矿业大学出版社，2007.
[14] 刘绮，潘伟斌. 环境监测［M］. 广州：华南理工大学出版社，2005.
[15] 刘德生. 环境监测［M］. 北京：化学工业出版社，2008.
[16] 张俊秀. 环境监测［M］. 北京：中国轻工业出版社，2003.
[17] 韩庆之，毛绪美，梁合诚. 环境监测［M］. 武汉：中国地质大学出版社，2005.
[18] 何少先. 环境监测［M］. 成都：成都科技大学出版社，1987.
[19] 马玉琴. 环境监测［M］. 武汉：武汉工业大学出版社，1998.
[20] 王英健，杨永红. 环境监测［M］. 北京：化学工业出版社，2004.
[21] 曲东. 环境监测［M］. 北京：中国农业出版社，2007.
[22] 何增耀. 环境监测［M］. 北京：农业出版社，1994.
[23] 周崇群. 环境监测［M］. 北京：兵器工业出版社，1987.

[24] 郭安然，唐森本. 环境监测［M］. 北京：冶金工业出版社，1988.
[25] 殷丽萍，张东飞，范志强. 环境监测和环境保护［M］. 长春：吉林人民出版社，2022.
[26] 李向东. 环境监测与生态环境保护［M］. 北京：北京工业大学出版社，2022.
[27] 宋海宏，苑立，秦鑫. 城市生态与环境保护［M］. 哈尔滨：东北林业大学出版社，2018.
[28] 蔡金傍. 山美水库流域生态环境保护研究［M］. 南京：河海大学出版社，2021.
[29] 李娜. 秦岭生态环境保护与可持续发展［M］. 长春：吉林人民出版社，2021.
[30] 唐坚. 基层生态环境保护与发展制度［M］. 北京：经济日报出版社，2019.
[31] 马芳，张立，吕金鑫. 生态环境保护法治建设研究：以青藏高原为视角［M］. 北京：光明日报出版社，2021.
[32] 安艳玲. 贵州清水江流域生态环境保护与可持续管理［M］. 北京：中国环境科学出版社，2017.
[33] 林卡，黄蕾，白莉. 海洋生态环境保护与舟山群岛新区建设［M］. 杭州：浙江大学出版社，2017.
[34] 陆晓平. 湖长制下石臼湖固城湖水生态环境保护研究［M］. 南京：河海大学出版社，2020.
[35] 陶雪娟. 农村生态环境保护［M］. 上海：上海科学技术出版社，2013.
[36] 金腊华. 生态环境保护概论［M］. 广州：暨南大学出版社，2009.
[37] 亢文选. 陕西生态环境保护［M］. 西安：陕西人民出版社，2006.
[38] 张季中. 农业生态与环境保护［M］. 北京：中国农业大学出版社，2007.
[39] 林玉锁，龚瑞忠，朱忠林等. 农药与生态环境保护［M］. 北京：化学工业出版社，2000.
[40] 左丽明，刘春原. 近岸海域碱渣排放堆填场生态环境保护与修复技术［M］. 北京：地质出版社，2018.
[41] 高志强. 农业生态与环境保护［M］. 北京：中国农业出版社，2001.